实验室尺度典型断层系统
力学行为数值模拟

Numerical Simulation of Mechanical Behaviours of
Typical Faults at a Laboratory Scale

王学滨　著

U0248692

科学出版社

北　京

内 容 简 介

本书主要介绍了针对实验室尺度典型断层系统的破坏过程、能量释放时空分布规律、事件频次-能量释放关系的斜率绝对值演变规律、位移反向区的时空分布规律、剪切应变陡降的时空分布和统计规律及黏滑过程等方面的数值模拟研究。

本书可供从事计算力学、岩石力学、地质学、地震学、采矿工程等研究和应用的科研人员参考。

图书在版编目(CIP)数据

实验室尺度典型断层系统力学行为数值模拟=Numerical Simulation of Mechanical Behaviours of Typical Faults at a Laboratory Scale /王学滨著.—北京：科学出版社，2017.3

ISBN 978-7-03-050946-8

Ⅰ.①实… Ⅱ.①王… Ⅲ.①断层-地质力学-数值模拟-实验 Ⅳ.①P55-33

中国版本图书馆CIP数据核字(2016)第281984号

责任编辑：李 雪 / 责任校对：桂伟利
责任印制：徐晓晨 / 封面设计：耕者设计工作室

科 学 出 版 社 出版
北京东黄城根北街 16 号
邮政编码：100717
http://www.sciencep.com

北京九州迅驰传媒文化有限公司 印刷
科学出版社发行 各地新华书店经销
*
2017年3月第 一 版 开本：720×1000 B5
2017年7月第二次印刷 印张：12
字数：226 000
定价：88.00元
(如有印装质量问题，我社负责调换)

前　　言

限于当前的技术条件，还没有找到断层失稳的必震标志（马瑾，2009）。地震的预测和预防工作需要多学科众多科研人员的密切合作和艰苦努力，需要一步步的前进，需要从多个角度进行探索（邓起东，2008）。至今尚未找到量化预测强烈地震发生的运动学和动力学模型，也尚未发现控制其孕育、发生和发展的标志性定量要素以及边界条件和约束（滕吉文，2010）。在这一艰难的征程上必须十分重视当代先进高科技的引入和有机的进行学科交叉，方可达综合、集成、并取得新的规律性的认识（滕吉文，2010）。

被若干断层切割的岩块系统称之为断层系统或断块系统，雁形、拐折、平行、交叉等断层系统是一些典型的断层系统。断层系统在外力的驱动下，由于断层之间或块体之间存在相互牵扯、制约，尽管是同一条断层或块体，其不同部位也可能具有不同的应力、应变状态。一些断层或块体的运动、变形还可能为其他断层或块体的运动和变形提供让位和锁紧条件。一些异常与高应力部位有关，例如，一些与应力方向、大小变化有关的量；而一些异常与应力释放有关；一些前兆出现在高应力单元，而地震发生在易错动单元（马瑾等，1999）。为了研究地震的发生机理及失稳前兆的变形场和物理场，我国学者针对实验室尺度多种典型断层系统，以声发射、热红外、应变片及光学观测等作为主要的观测手段，开展了大量有价值的试验研究工作。许多研究人员针对某些地区的实际情况，考虑了一些主要的活动构造，通过建立实际尺度的数值模型进行数值分析。通常，不允许断层之外的岩石发生破坏，一般仅能提供应力场、应变场、位移场、塑性区等方面的结果，一般仅限于分析这些力学量的变化规律。因此，可以考查的力学量较有限，研究的手段较单一，对其他一些力学量的时空分布及统计规律的认识还不够深入。目前，实验室尺度典型断层系统的力学行为数值模拟研究尚未引起足够的重视，也未能取得重要突破，亟待深入开展研究工作。毫无疑问，上述研究会对地震的研究产生积极的意义：有助于理解复杂断层系统的变形、破坏及黏滑行为及影响因素以及断层的相互作用规律；有助于寻找临震阶段的最有利观测手段、比应力增强更接近失稳的、表现灵敏的临震指标、异常的有利观测区域等，从而为抓住断层失稳的必震标志创造条件。

断层系统破坏和黏滑过程的综合模拟是极富挑战性的力学、地学难题，要想成功解决尚有大量工作需要进行。本书对典型断层系统破坏和黏滑过程单独进行处理，通过对 FLAC-3D 进行多方面的二次开发，针对实验室尺度典型断层系统的破坏过程、能量释放的时空分布规律、事件的频次-能量释放关系的斜率绝对值的演变规律、位移反向区的时空分布规律、剪切应变陡降的时空分布及统计规律及黏滑过程等问题，深入开展了数值模拟研究，具体研究内容主要包括下列两方面：

（1）针对由非均质的应变弱化断层和非均质的应变弱化岩石构成的若干典型断层系统的力学行为开展研究，其中，包括雁形断层和 Z 字形断层，雁形断层又包括挤压和拉张两种典型雁形断层。在这部分工作中，侧重于研究破坏过程及前兆，采用了应变弱化的本构模型，可用于一个黏滑周期内断层系统的复杂力学行为研究。

（2）针对由均质的应变强化-弱化断层和均质的弹性岩石构成的若干典型的断层系统的力学行为开展研究，包括单一、交叉、拐折及雁形断层，后者也包括挤压和拉张两种典型雁形断层。在这部分工作中，采用了一种提出的摩擦强化-摩擦弱化模型，其与速率和状态依赖的摩擦定律既有类似之处，又有本质的差异，可用于黏滑过程研究。

全书共 5 章：第 1 章绪论；第 2 章 FLAC-3D 的介绍及二次开发方法；第 3 章雁形断层力学行为数值模拟；第 4 章 Z 字形断层力学行为数值模拟；第 5 章典型断层系统黏滑过程数值模拟。

本书的研究工作得益于著者 2009 年 9 月至 2012 年 1 月在中国地震局地质研究所作博士后期间合作导师马瑾院士的密切指导及此后的继续指导。马瑾老师对著者的要求十分严格，在审阅稿件和出站报告过程中，多次帮助著者重新措辞、重新组织材料、修改模糊的表述，帮助著者提炼研究工作的亮点、主要发现及研究意义，每次都提出多达几页的修改意见和建议，马瑾老师甚至帮著者重新撰写稿件和出站报告的摘要和结论，对于著者没有意识到的疏忽总能及时地指出，对于著者不经意间犯的错误进行善意的批评，在著者遇到挫折时给予鼓励和安慰，给著者发来很长的电子邮件，及时对著者的研究方向和内容提出宝贵建议，并给著者讲授一些欠缺的基本知识和原理以及一些新的研究进展，尽管马瑾老师工作非常繁忙，还经常能拿出一整天的时间与著者一起研究和讨论问题，甚至将出席会议的休息时间也拿出来对著者进行指导。为此，马瑾老师付出了大量的时间、精力和心血。

限于著者的研究水平和精力，对一些计算结果的深层次原因的剖析及潜在意义的挖掘还很不够，著者还远没有达到马瑾老师的高标准的严格要求，马瑾老师提出的一些著者不熟悉的研究思路和问题（褶皱如何形成，逆冲断层在何种力学条件下能转变成走滑断层，某一块体向一个方向运动没有引起地震，为何反向运动会引起地震，等等），著者一时还摸不清头脑，还未来得及实现，但却不断地启迪着著者思考。

感谢对著者的研究给予了宝贵的建议、鼓励和提供了各种形式帮助的刘力强研究员、马胜利研究员、雷兴林研究员、何昌荣研究员、周永胜研究员、杨晓松研究元、徐锡伟研究员、刘培洵副研究员、中国科学院地球物理研究所白武明研究员、中国地质科学院地质力学研究所王红才研究员等。

感谢 2009 年 9 月去则木河断裂、安宁河断裂、龙门山断裂等地带队实习的冉勇康研究员、何宏林研究员、刘杰研究员、王萍副研究员、吴妍萍、潘波及董绍鹏老师等，他们的严格要求和渊博的实践及理论知识使著者受益匪浅，大大开阔了视野；感谢承担博士后日常管理工作及进、出站管理工作的高阳、曲毅、吴妍萍等老师。

感谢与著者针锋相对讨论问题，或给著者解答疑难，或提供各种形式帮助的青年学者们、硕士生、博士生及博士后们：陈顺云、郭彦双、王凯英、陈国强、扈小燕、刘峡、刘远征、张克亮、刘冠中、云龙、张国宏、郝明、魏文薪等。感谢与著者同年在中国地震局地质研究所作博士后的高明星和徐敬海博士后，他们在一些方面给予了重要的帮助。

感谢著者的硕士及博士导师潘一山教授引荐著者来中国地震局地质研究所深造和提高。

感谢著者的博士生马冰、博士生白雪元、硕士生侯文腾、博士生董伟、硕士生齐大雷、硕士生冯威武、硕士生武其楘、硕士生王春伟、硕士生李阳和硕士生芦伟男为本书的成稿承担了大量的细致、繁琐的工作。

王学滨
2016 年 9 月

目　　录

第 1 章 绪 论

近年来，随着计算机软、硬件技术水平的不断发展，以有限元方法为代表的数值计算方法在地震研究中的应用越发得到重视。在过去很长一段时期内，尽管数值方法在地壳应力场、应变场、地震前兆、迁移、危险区预测研究等方面发挥了积极的作用，但远未像野外观测、室内试验那样得到密切关注，数值计算一般声誉较低。客观地讲，数值计算具有其他研究手段不具备的先天优势，例如，节约人力、物力；正演、反演均可；可以复现过去，预测未来；各种参数提取方便，可以方便地开展参数的敏感性研究；可以模拟在当前技术条件下难以开展的物理试验；可以检验有关的假说，阐明复杂现象发生的机理及过程等。因此，人们探索及应用数值计算方法的脚步从未停止。至今，尚未能找到量化预测强烈地震发生的运动学和动力学模型，也尚未发现控制其孕育、发生和发展的标志性定量要素及边界条件和约束(滕吉文，2010)。因此，应该倡导在多要素约束下提取初始模型进行数值模拟，为此在综合分析的基础上可试图提出震级较强地震、强烈地震和大地震孕育和发生的强度(滕吉文，2010)。确实，实现上述目的，不能单靠数值模拟，先进的数值计算方法应该与详实的观测数据、地质资料、岩石力学试验、相关的理论模型、计算机技术等有机地结合。最近，国外学者对主震及同震、震间、震后现象、短周期慢速滑动及其发生间隔、长期和短期现象等进行了成功的数值模拟(Barbot et al.，2012；Shibazaki et al.，2012；Noda and Lapusta，2013)，给地震预测带来了新的希望。

在地震的数值模拟研究中，常针对具体的大尺度问题进行建模和分析(陶玮等，2000；王凯英和马瑾，2004；郑洪伟等，2006；陈玉香等，2007；李玉江等，2009；邓志辉等，2011a，2011b；郭婷婷和徐锡伟，2011；刘峡等，2014；袁杰和朱守彪，2014)。相比之下，少有研究人员针对实验室尺度断层系统开展建模及计算分析工作。相反，从事力学、岩土力学的研究人员更热衷于此。实际上，尽管实验室尺度断层系统的基本物理、力学参数已知，边界条件及加载条件明确，但实验室尺度断层系统的变形、破坏和黏滑的综合模拟并不容易。从物理试验中能观察到一系列复杂的物理、力学现象，例如，声发射、破裂扩展、断层黏滑、稳滑、变形局部化、红外辐射及回弹等。采用计算力学方法，部分模拟上述复杂现象，是一项有意义的工作。实验室尺度断层系统的模拟有助于充分了解计算模型的特点及优劣；有助于深刻认识有关的现象，确定或否决一些假说和推测；有助于为大尺度模型的成功模拟积累经验，并提供某些必要的技术基础；有助于发现新的力学量,从而探索地震预测的新途径。这些力学量即使在现有技术条件下难以从实验室或野外观测到,若能在不同的计算模型中得到反复的检验和确定,也将有广阔的应用前景。先在实验室尺度断层系统的数值模拟方面取得若干进展,再将该模型进行适当的推广和完善,开展大尺度问题的研究,是有益的尝试。

1.1　实验室尺度非均质模型

地震活动具有明显的区域性特征,在不同的观察尺度上,大至地震带,小到某个小震群的空间分布,无不显示出地震活动在空间上的不均匀性(时振梁等,1995)。马胜利和马瑾(2003)总结了我国实验岩石力学与构造物理学研究的若干新进展,并认为介质和结构的非均匀性以及时间过程的复杂性仍将是地震学和地球内部物理学研究的核心问题之一。刘力强等(1999)认为,岩石构造的非均匀程度可能是造成地震活动非均匀的重要因素之一。马胜利等(2002)认为,地震成核相的产生与断层的非均匀性有关,发震断层的非均匀性造成了地震破裂过程的非均匀性反应。马胜利等(2004b)及 Lei 等(2004)发现,岩石的非均匀结构是支配脆性岩石内断层形成过程的最重要因素;具有一定非均匀性的岩石在其破坏之前可以出现前兆性的异常微破裂活动特征。

在实验室尺度模型中,考虑非均质性的常见手段包括:引入细小单元力学参数的空间非均匀分布,例如,常见的 Weibull 和 Gauss 分布等(Cundall and Strack,1979;Hobbs and Ord,1989;唐春安等,1997;Fang and Harrison,2002;Hu and Molinari,2004;Liu et al.,2004;王学滨和潘一山,2009);考虑岩石的细观结构(Chen et al.,2004);引入随机材料缺陷(王学滨,2007;王学滨,2008a,2008b,2008c;王学滨等,2009a,2009b,2009c)。在断层力学和地震研究中,不同尺度的非均匀性的重要性怎么强调也不过分。许多研究表明,通过在连续介质模型中引入某种程度上的空间非均匀性分布,即可呈现时空复杂的地震行为(Miyatake,1992;Bizzarri et al.,2001;Hillers et al.,2006)。甚至有人认为,通过引入一个强烈的空间非均匀分布和强度自愈机制,速率和状态依赖摩擦定律都不必考虑(Beroza and Mikumo,1996)。在大尺度条件下,显然,考虑一个块体内部细小单元力学参数的空间非均匀性的意义不大,而考虑断层的几何非均匀性和摩擦系数等参数的非均匀性的意义更大。但是,对于实验室尺度模型,可能并非如此。由于实验室尺度模型需要模拟单元的破坏、破坏区或裂纹的扩展、声发射、能量释放及破坏前兆等,所以和考虑岩石的真实细观结构相比,考虑细小单元力学参数的空间非均质性是一个有益的选择。

一些研究人员采用静态的有限元方法较好地模拟了实验室尺度脆性岩石标本的破裂过程及声发射现象(唐春安等,1997;Tang and Kou,1998;焦明若等,2003;

Liu et al.，2004），但对于包含断层的岩石标本开展的系统、深入的数值研究还非常少见，断层上及岩石标本上应力的周期性变化的模拟还未引起足够的重视。

1.2　实验室尺度断层黏滑模型

目前，多种模型和方法已被用于黏滑过程模拟，例如弹簧-滑块模型、边界元方法、有限元方法、有限差分方法、离散元方法及格构方法等。黏滑过程的模拟一般需要引入各种摩擦定律，尤其是速率和状态依赖摩擦定律，但不尽然。在连续介质模型中，引入空间或几何上的非均匀性，或者考虑一些量(例如，孔隙压力等)随深度的变化规律(Power and Tullis，1991；Ben-zion and Rice，1995；Beroza and Mikumo，1996；Lapusta et al.，2000；Zöller et al.，2005；Hillers et al.，2006)，或者采用一些非连续介质模型(例如，离散元和格构方法等)，均可产生时空复杂的地震行为。

弹簧-滑块模型经常被用来检验新定律和研究新现象(Miyatake，1992；Scholz，1998；Ma and He，2001；何昌荣，2003；Kato and Tullis，2003)。滑块受到重力、外力、弹簧力、摩擦力和平面或斜面的约束反力等力的作用。Miyatake(1992)采用1个二维的弹簧-滑块(其周围有4个弹簧)模型模拟了黏滑过程，并且考虑了摩擦系数的非均匀性。Mitsui 和 Hirahara(2004)采用5个弹簧和滑块模拟了一条狭长断层的不同区段，并且将每段参数的取值尽量与实际相符。弹簧-滑块模型形式简单，所含物理意义丰富，特别适于地震机理、过程及各种因素的影响研究。然而，其考虑因素毕竟有限。

边界元方法被广泛应用于各种断层的黏滑过程模拟研究(Lapusta et al.，2000；Bizzarri et al.，2001)。在计算中，可以采用多种摩擦定律，也可以通过规定不同的临界滑动距离以引入断层的非均质性(Hillers et al.，2006)。边界元方法只需要在边界上建立方程，区域内部采用积分方法，计算量小，适用于弹性动力学问题研究，但不允许介质发生破坏。

有限元方法和有限差分方法通过将计算区域离散成若干单元的方式进行数值求解。一般认为，前者的适用性更广，而后者的网格要求规则。其实不然，对于非规则网格，有限差分法亦能方便处理。在 FLAC-3D 中，网格或单元可以是 6 面体，不要求必须是立方体。上述两种方法可以处理复杂的断层系统，例如，模型中可以包含不同尺度、方位及几何特性的各种断层，可以允许断层之外单元发生破坏，可以引入各种摩擦定律，可以方便地考虑不同区域岩性的差异，可以逼真地刻画断层的结构(例如，断层面的凹凸不平、光滑的断层面和含断层泥的断层面等)，可以考虑力-热-流体的耦合作用，可以考虑断层之间的相互影响和作用。因此，上述两种方法被认为是最有前景的数值方法。到目前为止，已有一些研究人员采用上述方法模拟了断层的黏滑行为(Xing and Makinouchi, 2003; Xing et al., 2004; 朱守彪等, 2008; 薛霆虓等, 2009; 朱守彪和张培震, 2009; Ozaki, 2011)。断层通常有 3 种处理方式: 将断层视为材料属性区别于其他部分的实体单元; 将断层视为各种类型的界面接触单元; 将断层视为接触边界。Xing 等(2004)指出, 将速率和状态依赖摩擦定律引入到有限元法中的结果未见报道, 大多数人在模拟中都使用了断层面固定的摩擦系数, 不因条件的变化而改变, 因而无法模拟地震现象。他们将"节点到点"的接触单元策略引入到静态显式算法中研究了 5.6° 拐折断层对断裂形核、终止及重新开始的影响, 虽然引入了一个简单的速率和状态依赖摩擦定律, 但是, 未见模拟出应力的周期性变化。Ozaki(2011)将速率和状态依赖摩擦定律引入到动态有限元法中, 研究了两个块体之间的接触问题及不同参数时系统的动力黏滑行为, 并且指出了库仑摩擦定律的不足。

颗粒流、离散元、细胞自动机、格构方法等纯粹的非连续介质方法也被用于黏滑过程的模拟。Lorig 和 Hobbs(1990)采用离散元模拟了弹簧-滑块系统, 引入了速率和状态依赖摩擦定律, 但是模拟出的所谓的黏滑失稳现象[图 1.1(a)]与试验结果差距较大。颗粒流方法不必引入速率和状态依赖摩擦定律, 一般仅需要引入库仑摩擦定律就能模拟出类似黏滑的现象。例如, Mora 和 Place(1994)采用颗

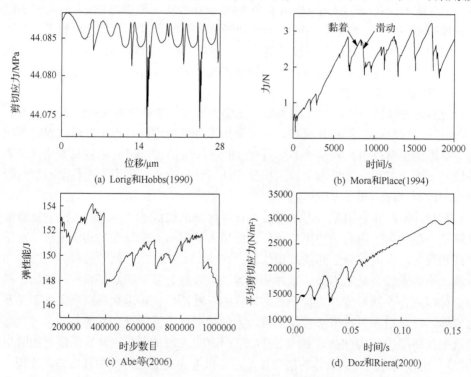

(a) Lorig和Hobbs(1990)

(b) Mora和Place(1994)

(c) Abe等(2006)

(d) Doz和Riera(2000)

图 1.1　纯粹的非连续介质方法的结果

粒模型模拟了黏滑行为[图 1.1(b)],没有引入任何摩擦特性;Abe 等(2006)将断层看作离散颗粒的组合,颗粒之间的摩擦系数都是相同的,从他们模拟出的所谓的黏滑现象[图 1.1(c)]可以发现,模拟结果与试验结果差别较大。将岩石简化为数量庞大的圆形颗粒的颗粒流方法,不适于模拟大尺度问题,即使采用并行计算技术也很难胜任此项工作。Doz 和 Riera(2000)采用格构模型,即将立方体单元离散成沿棱杆和对角杆,模拟了位于一个平面上的块体的滑动过程,并没有引入任何摩擦定律,也模拟出了他们声称的黏滑现象[图 1.1(d)],但是,模拟结果与试验结果差距较大。

1.3 典型断层系统试验研究进展及局限性

被若干断层切割的岩块系统称之为断层系统或断块系统,雁形、拐折、平行、交叉等断层系统是一些典型的断层系统。

在研究地震过程的一些简化的力学模型中,例如,平面及反平面剪切等,一般仅有一条规则的断层,断层外的岩块被认为保持弹性状态。因此,在外力的驱动下,弹性块体必然沿着断层作单一的线性运动。采用弹性动力学方法是处理这类问题的理想选择,这方面的研究结果对于深刻认识黏滑型地震的机理及过程有重要的意义。但是,这种以单一断层为中心的研究更适于美、日等地震大国的板缘地震,并不适于中国的板内地震(马瑾,1999)。

在世界地震分布图上扣去板缘地震后,除中国大陆外,其他大陆地震少;在中国形成的如此独特的板内地震与它的区域构造动力学条件以及岩石圈的介质和结构是分不开的;中国地壳遭受印度板块和太平洋板块的联合作用,受到的应力作用强是显而易见的,深部地幔活动也较活跃,造成地壳活化;中国大陆的基底是古老的,至少华北地台和塔里木是古老的,古老的基底在中新生代活化作用下形成了尺度比板块小得多的缝块系统;继承了中新生代的活动特点,中国地震活动常有明显的断块特色(马瑾,1999)。

美、日等国的板缘地震牵涉的块体是大型板块,可以近似地以直线或单个断层来描述;中国的块体小,情况复杂,很难用一条断层来描述其活动;美国西海岸的地震以黏滑型为主,中国地震以混合型为主,前兆的分布差别也很大;中国大大小小的块体有时联合,有时分散,构成了中国地震的复杂图像;认识到这一点,主动去研究块体的活动规律,是提高地震预报水平的一个重要途径(马瑾,1999)。

2008 年四川汶川 Ms8.0 级地震及 2010 年青海玉树 Ms7.1 级地震,都给人民的生命、财产造成了极大的损失,它们都发生在青藏块体区巴颜喀喇断块边界的活动断裂带上，是该块体最新活动的结果(邓起东等，2010)。因此，除了要注意研究一条活动断裂，更要注意研究一个区域、一个断块或一个断块区的区域构造和成组地震。

断层系统在外力的驱动下，由于断层之间或块体之间存在相互牵扯、制约，尽管对于同一条断层或块体，其不同部位也可能具有不同的应力、应变状态。一些断层或块体的运动、变形还可能为其他断层或块体的运动和变形提供让位和锁紧条件。一些异常与高应力部位有关，例如，一些与应力方向、大小变化有关的量；而一些异常与应力释放有关；一些前兆出现在高应力单元，而地震发生在易错动单元(马瑾等，1999)。

为了研究地震的发生机理及失稳前兆的变形场和物理场，我国学者针对实验室尺度多种典型断层系统(雁形、交叉、拐折、平行等断层系统)，以声发射、热红外、应变片及光学观测等作为主要的观测手段，开展了大量有价值的试验研究工作(马瑾等，1999，2000，2007，2008；马瑾，2010；刘力强等，1999，2001；蒋海昆等，2002；马胜利等，2002，2004a，2004b，2008；马胜利和马瑾2003；雷兴林等，2004；陈俊达等，2005；陈顺云等2005，刘培洵等，2007；缪阿丽等，2010；云龙等，2011)。毫无疑问，上述大量的试验结果极大地丰富了人们的认识和理解。此外，还建立了专门的数据库用于保存试验数据。

与此同时，物理试验面临的一些困境尚难被完全克服。大多数试验中所选用的断层带填充或模拟物质很弱(Paterson and Wong，2005；Shen and Stephansson，1995)及尺寸狭小，无法在断层上安装传感器，因而断层带上及附近的应力、应变及能量积累和释放等情况并不清楚；目前，声发射技术是测量材料破裂分布及能量释放的最主要手段。然而，声发射系统监测到的能量只是材料破裂过程中释放的弹性应变能的一部分，即声能；事件的准确定位仍非常困难，事件的位置被定在标本之外时有发生(Lockner et al.，1991；蒋海昆等，2002)；"死时间"问题不能完全克服，对于大多数的声发射系统，在短临阶段不能记录到足够多的数据(Lei et al.，2000)，对于发生在断层上的低频延性事件的记录比较困难(蒋海昆等，2002；Lei et al.，2000，2004；Lockner et al.，1991；马胜利等，2008)。此外，在有限的范围之内(例如，雁列区之内)，布置较多的位移计、应变片也不现实。数字图像相关方法是一种位移场和应变场的光学测量方法，和接触式测量方法相比，具有一定的优势。但当微裂纹出现后，由于变形前、后子区难以精确匹配，因而其测量精度将有所下降。一些观测元件之间存在干扰问题，例如，红外热像仪和接触式铂电阻测温仪。限于当前的技术条件，对于一些关心的问题的研究还难以实现，一些问题还没有得到十分明确的回答，例如：

(1)哪些事件是由于拉破坏引起的？而哪些事件是由于剪破坏引起的？哪种

破坏能引起频次-能量关系斜率的绝对值发生变化？在雁列区贯通过程中，可以观察到哪些力学量发生了异常变化或迅速增加？

(2)包含不同断层的标本的变形、破坏过程有何差别？大事件将发生在哪里？哪条断层释放的能量最大？各条断层活动的先后顺序如何？

(3)各种典型断层系统的黏滑过程有何差异？局部滑动都能导致整体滑动吗？

另外，物理试验中出现的一些现象还没有得到合理的解释，一些试验现象还没有被逼真地模拟出来，例如：

(1)在雁形断层的试验中，有时裂纹会从断层的某一位置开始起裂，而不是从断层的端部(蒋海昆等，2002；马胜利等，2008)；

(2)在断层的黏滑试验中，在每次应力上升的"黏着"阶段，应力能上升到的最高点(图1.2及图1.3)并不完全相同(马瑾，2010；缪阿丽等，2010)；

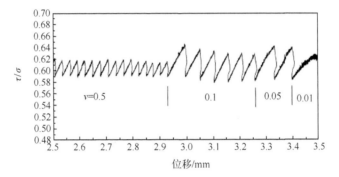

图1.2 黏滑试验中的摩擦系数-位移曲线(缪阿丽等，2010)

图中数字为加载速率，单位为 μm/s

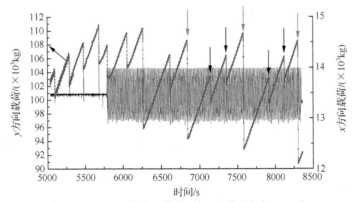

图1.3 黏滑试验中的载荷-时间曲线(马瑾，2010)

黑色垂直箭头标明了载荷上升阶段的小事件，灰色垂直箭头标明了载荷的最大值

(3)在"黏着"阶段,仍有一些小的失稳事件发生(图 1.3 中的黑色箭头),而在应力下降的"滑动"阶段,仅有大事件发生(马瑾等,2008;马瑾,2010),这一现象可以被形象地比喻为"上山困难,下山容易",Sobolev 等(1996)也观察到了类似的现象;

(4)断层的交替活动(马瑾等,2000)等。

可靠的数值计算方法可望在这些关注问题研究中或现象背后的道理揭示中发挥重要的作用。数值模拟技术的飞速发展,为典型断层系统(甚至是复杂的断层系统)的力学行为研究带来了契机。

在数值计算中,可以利用有效应力定律考虑水的纯粹力学作用,也可以利用达西渗流定律研究孔隙压力及渗透率在非均质岩石中的分布及演变规律;能够实现复杂断层系统的建模;能够模拟围压及应变速率等加载条件的影响;能够完全消除端面约束问题和试验机压头之间的干涉问题;能够方便地进行真三轴等复杂条件加载;能够监测任意位置的力学量演变规律(例如,在断层上),而且不会遗漏事件等。

一旦一些针对实验室尺度典型断层系统的变形、破坏及黏滑的数值结果能得到有关试验结果的验证,可以在进行复杂的(或花费巨大的)试验研究之前首先开展一些数值计算工作,以认清主要规律和影响因素,再有针对性地开展试验研究,这样可以避免不必要的工作,加快试验研究进程。如果由于技术手段的限制在当前尚不能进行某些所关心的试验,也有必要开展一些数值计算工作。

1.4　实际尺度断层系统数值模拟研究进展

限于当前的技术条件,还没有找到断层失稳的必震标志(马瑾,2009)。地震的预测和预防工作需要多学科众多科研人员的密切合作和艰苦努力,需要一步步地前进,需要从多个角度进行探索(邓起东,2008)。至今尚未能找到量化预测强烈地震发生的运动学和动力学模型,也尚未发现控制其孕育、发生和发展的标志性定量要素以及边界条件和约束(滕吉文,2010)。在这一艰难的征程上必须十分重视当代高科技的引入和学科的有机交叉,方可达综合、集成、并取得新的、规律性的认识(滕吉文,2010)。

很多研究人员强调数值模拟在地震预测中的重要性(郑洪伟等,2006;陈玉香等,2007;李玉江等,2009),并介绍了一些最新的进展,多侧重于有限元方法在具体地学问题研究中的应用。滕吉文(2010)也倡导在多要素约束下提取初始模型进行数值模拟,为此在综合分析的基点上可试图提出震级较强地震、强烈地震和大地震孕育和发生的强度。

许多研究人员针对某些地区的实际情况，考虑了一些主要的活动构造，通过建立实际尺度的数值模型进行数值分析(陶玮等，2000；王凯英和马瑾，2004；郑洪伟等，2006；陈玉香等，2007；李玉江等，2009；邓志辉等，2011a，2011b；郭婷婷和徐锡伟，2011；刘峡等，2014；袁杰和朱守彪，2014)。通常，不允许断层之外的岩石发生破坏，一般仅能提供应力场、应变场、位移场、塑性区等方面的结果，一般仅限于分析这些力学量的变化规律。因此，可以考查的力学量较有限，研究的手段较单一，对其他或许对地震研究更有意义的力学量的时空分布及统计规律的认识还不够。即使一些力学量在实验室或野外并不容易观测到，能在数值计算中获得对于地震研究也是有益的。

目前，实验室尺度典型断层系统的变形、破坏和黏滑行为的数值模拟研究尚未引起足够的重视，也未能取得重要的突破，亟待深入开展研究工作。毫无疑问，针对上述问题开展数值模拟研究会对地震的研究产生积极的意义：有助于理解复杂断层系统的变形、破坏和黏滑行为及影响因素以及断层的相互作用规律；有助于寻找临震阶段的最有利观测手段、比应力增强更接近失稳的表现灵敏的临震指标、异常的有利观测区域等，从而为抓住断层失稳的必震标志创造条件。

1.5 本书内容

本书内容主要包括下列两方面：

(1)针对由非均质的应变弱化断层和非均质的应变弱化岩石构成的若干典型断层系统的力学行为开展研究，其中，包括雁形断层和 Z 字型断层，雁形断层又包括挤压和拉张两种典型雁形断层。在这部分工作中，侧重于研究破坏过程及前兆，采用了应变弱化的本构模型，可用于一个黏滑周期内断层系统的复杂力学行为研究。

(2)针对由均质的应变强化-弱化断层和均质的弹性岩石构成的若干典型断层系统的力学行为开展研究，包括单一、交叉、拐折及雁形断层，后者也包括挤压和拉张两种典型雁形断层。在这部分工作中，采用了一种提出的摩擦强化-摩擦弱化模型，其与速率和状态依赖的摩擦定律既有类似之处，又有本质的差异，可用于黏滑过程研究。

参 考 文 献

陈俊达, 马少鹏, 刘善军, 等. 2005. 应用数字散斑相关方法实验研究雁列断层变形破坏过程. 地球物理学报, 48(6): 1350-1356.

陈顺云, 刘力强, 马胜利, 等. 2005. 构造活动模式变化对 b 值影响的实验研究. 地震学报, 27(3): 317-323.

陈玉香, 杜建国, 刘红. 2007. 有限元方法在地震孕育过程与前兆机理研究中的应用进展. 地震, 27(4): 99-109.

邓起东, 高翔, 陈桂华, 等. 2010. 青藏高原昆仑-汶川地震系列与巴颜喀喇断块的最新活动. 地学前缘, 17(5): 163-178.

邓起东. 2008. 关于四川汶川 8.0 级地震的思考. 地震地质, 30(4): 811-827.

邓志辉, 胡勐乾, 周斌, 等. 2011b. 数值模拟方法在地震预测研究中应用的初步探讨 (II). 地震地质, 33(3): 670-683.

邓志辉, 宋键, 孙君秀, 等. 2011a. 数值模拟方法在地震预测研究中应用的初步探讨 (I). 地震地质, 33(3): 661-669.

郭婷婷, 徐锡伟. 2011. 有限元法在构造应力场与地震预测研究中的应用与发展. 地震研究, 34(2): 246-253.

何昌荣. 2003. 速度与状态依赖性摩擦本构关系下双滑块系统的相互作用. 中国科学 D 辑, 33(B04): 53-59.

蒋海昆, 马胜利, 张流 等. 2002. 雁列式断层组合变形过程中的声发射活动特征. 地震学报, 24(4): 385-396.

焦明若, 唐春安, 张国民, 等. 2003. 细观非均匀性对岩石破裂过程和微震序列类型影响的数值试验研究. 地球物理学报, 46(5): 659-666.

雷兴林, 佐藤隆司, 西泽修. 2004. 花岗岩变形破坏的阶段性模型——应力速度及预存微裂纹密度对断层形成过程的影响. 地震地质, 26(3): 436-449.

李玉江, 陈连旺, 叶际阳. 2009. 数值模拟方法在应力场演化及地震科学中的研究进展. 地球物理学报, 24(2): 418-431.

刘力强, 马胜利, 马瑾, 等. 1999. 岩石构造对声发射统计特征的影响. 地震地质, 214: 377-386.

刘力强, 马胜利, 马瑾, 等. 2001. 不同结构岩石标本声发射 b 值和频谱的时间扫描及其物理意义. 地震地质, 23(4): 481-492.

刘培洵, 刘力强, 陈顺云, 等. 2007. 实验室声发射三维定位软件. 地震地质, 29(3): 674-679.

刘峡, 孙东颖, 马瑾, 等. 2014. GPS 结果揭示的龙门山断裂带现今形变与受力——与川滇地区其他断裂带的对比研究. 地球物理学报, 57(4): 1091-1100.

马瑾, 刘力强, 刘培洵, 等. 2007. 断层失稳错动热场前兆模式: 雁列断层的实验研究. 地球物理学报, 50(4): 1141-1149.

马瑾, 刘力强, 马胜利. 1999. 断层几何与前兆偏离. 中国地震, 15(2): 106-115.

马瑾, 马少鹏, 刘培洵, 等. 2008. 识别断层活动和失稳的热场标志——实验室的证据. 地震地质, 30(2): 363-382.

马瑾, 马胜利, 刘力强, 等. 2000. 交叉断层的交替活动与块体运动的实验研究. 地震地质, 22(1): 65-73.

马瑾. 1999. 从断层中心论向块体中心论转变——论活动块体在地震活动中的作用. 地学前缘, 6(4): 363-370.

马瑾. 2009. 换个视角谈地震观测改进与研究. 防灾博览, (6): 18-19.

马瑾. 2010. 地震机理与瞬间因素对地震的触发作用——兼论地震发生的不确定性. 自然杂志, 32(6): 311-313,318.

马胜利, 陈顺云, 刘培洵, 等. 2008. 断层阶区对滑动行为影响的实验研究. 中国科学 D 辑, 38(7): 842-851.

马胜利, 蒋海昆, 扈小燕, 等. 2004a. 基于声发射实验结果讨论大震前地震活动平静现象的机制. 地震地质, 26(3): 426-435.

马胜利, 雷兴林, 刘力强. 2004b. 标本非均匀性对岩石变形声发射时空分布的影响及其地震学意义. 地球物理学报, 47(1): 127-131.

马胜利, 马瑾, 刘力强. 2002. 地震成核相的实验证据. 科学通报, 47(5): 387-391.

马胜利, 马瑾. 2003. 我国实验岩石力学与构造物理学研究的若干新进展. 地震学报, 25(5): 453-464.

缪阿丽, 马胜利, 周永胜. 2010. 硬石膏断层带摩擦稳定性转换与微破裂特征的实验研究. 地球物理学报, 53(11): 2671-2680.

时振梁, 王健, 张晓东. 1995. 中国地震活动性分区特征. 地震学报, 17: 20-24.

唐春安, 傅宇方, 赵文. 1997. 震源孕育模式的数值模拟研究. 地震学报, 19(4): 337-346.

陶玮, 洪汉净, 刘培洵. 2000. 中国大陆及邻区强震活动主体地区形成的数值模拟. 地震学报, 22(3): 271-277.

滕吉文. 2010. 强烈地震孕育与发生的地点、时间及强度预测的思考与探讨. 地球物理学报, 53(8): 1749-1766.

王凯英, 马瑾. 2004. 川滇地区断层相互作用的地震活动证据及有限元模拟. 地震地质, 26(2): 259-271.

王学滨, 代树红, 潘一山. 2009a. 孔隙水压力条件下含缺陷岩样破坏过程及声发射模拟. 中国地质灾害与防治学报, 20(2): 52-59.

王学滨, 潘一山. 2009. 岩石结构稳定性理论及破坏过程数值模拟//力学与工程科学的耕耘——庆祝章梦涛先生 80 华诞论文选集.太原: 山西科学技术出版社, 262-268.

王学滨, 吴迪, 赵福成. 2009c. 含不同随机缺陷数目岩样的破坏过程、前兆及全部变形特征. 地球物理学进展, 24(5): 1874-1881.

王学滨, 赵福成, 潘一山. 2009b. 孔隙压力对含随机缺陷岩石破坏过程及全部变形特征的影响. 防灾减灾工程学报, 29(1): 1-8.

王学滨. 2007. 含随机材料缺陷岩样的破坏前兆及剪切带模拟. 地下空间与工程学报, 3(6): 1047-1050.

王学滨. 2008a. 不同强度岩石的破坏过程及声发射数值模拟. 北京科技大学学报, 30(8): 837-843.

王学滨. 2008b. 缺陷数目对岩样声发射及应变能降低的影响. 中国有色金属学报, 18(8): 1541-1549.

王学滨. 2008c. 峰后脆性对非均质岩石试样破坏及全部变形的影响. 中南大学学报(自然科学版), 39(5): 1105-1111.

薛霆虓, 傅容珊, 林峰. 2009. 几何弯曲断层活动性的模拟. 地球物理学报, 52(10): 2509-2518.

袁杰, 朱守彪. 2014. 断层阶区对震源破裂传播过程的控制作用研究. 地球物理学报, 57(5): 1510-1521.

云龙, 郭彦双, 马瑾. 2011. 5°拐折断层在黏滑过程中物理场演化与交替活动的实验研究. 地震地质, 33(2): 356-368.

郑洪伟, 李廷栋, 高锐, 等. 2006. 数值模拟在地球动力学中的研究进展. 地球物理学进展, 21(2): 360-369.

朱守彪, 邢会林, 谢富仁, 等. 2008. 地震发生过程的有限元法模拟——以苏门答腊俯冲带上的大地震为例. 地球物理学报, 51(2): 460-468.

朱守彪, 张培震. 2009. 2008 年汶川 Ms8.0 地震发生过程的动力学机制研究. 地球物理学报, 52(2): 418-427.

Abe S, Latham S, Mora P. 2006. Dynamic rupture in a 3-D particle-based simulation of a rough planar fault. Pure and Applied Geophysics, 163: 1881-1892.

Barbot S, Lapusta N, Avouac J P. 2012. Under the hood of the earthquake machine: toward predictive modeling of the seismic cycle. Science, 336(6082): 707-710.

Ben-zion Y, Rice JR. 1995.Slip patterns and earthquake populations along different clas-ses of faults in elastic solids. Journal of Geophysical Research，100, 12959-12983.

Beroza GC, Mikumo T.1996. Short slip duration in dynamic rupture in the presence of heterogeneous fault properties. Journal of Geophysical Research, 101(B10): 22449-22460.

Bizzarri A, Cocco M, Andrews D J, et al. 2001. Solving the dynamic rupture problem with different numerical approaches and constitutive laws. Geophysical Journal International, 144: 656-678.

Chen S, Yue Z Q, Tham L G. 2004. Digital image-based numerical modeling method for prediction of inhomogeneous rock failure. International Journal of Rock Mechanics and Mining Sciences, 41(6): 939-957.

Cundall P A, Strack O D L. 1979. A discrete numerical model for granular assemblies. Geotechnique, 29(1):47-65.

Doz G N, Riera J D. 2000. Towards the numerical simulation of seismic excitation. Nuclear Engineering and Design, 196: 253-261.

Fang Z, Harrison J P. 2002. Development of a local degradation approach to the modeling of brittle fracture in heterogeneous rocks. International Journal of Rock Mechanics and Mining Sciences, 39(4): 443-457.

Hillers G, Ben-Zion Y, Mai P M. 2006. Seismicity on a fault controlled by rate- and state-dependent friction with spatial variations of the critical slip distance. Journal of Geophysical Research, 111(B01403): 1-23.

Hobbs B E, Ord A. 1989. Numerical simulation of shear band formation in a frictional-dilational material. Archive of Applied Mechanics, 59(2): 209-220.

Hu N, Molinari J F. 2004. Shear bands in dense metallic granular materials. Journal of the Mechanics and Physics of Solids, 52(3):499-531.

Kato N, Tullis T E. 2003. Numerical simulation of seismic cycles with a composite rate- and state-dependent friction law. Bulletin of the Seismological Society of America, 93(2): 841-853.

Lapusta N, Rice J R, Ben-Zion Y, et al. 2000. Elastodynamics analysis for slow tectonic loading with spontaneous rupture episodes on faults with rate- and state-dependent friction. Journal of Geophysical Research, 105(B10): 23765-23789.

Lei X L, Kusunose K, Rao M, et al.2000. Quasi-static fault growth and cracking in homogeneous brittle rock under triaxial compression using acoustic emission monitoring. Journal of Geophysical Research: Solid Earth, 105(B3). 6127-6139.

Lei X L, Masuda K, Nishizawa O, et al. 2004. Three typical stages of acoustic emission activity during the catastrophic fracture of heterogeneous faults in jointed rocks. Journal of structural Geology, 26: 247-258.

Liu H Y, Kou S Q, Lindqvist P A, et al. 2004. Numerical studies on the failure process and associated microseismicity in rock under triaxial compression. Tectonophysics, 384: 149-174.

Lockner D A, Byerlee J D, Kuksenko V, et al. 1991. Quasi-static fault growth and shear fracture energy in granite. Nature, 350(7): 39-42.

Lorig L J, Hobbs B E. 1990. Numerical modeling of slip instability using the distinct element method with state variable friction laws. International Journal of Rock Mechanics and Mining Sciences, 27(6): 525-534.

Ma S, He C. 2001. Period doubling as a result of slip complexities in sliding surfaces with strength heterogeneity. Tectonophysics, 337: 135-145.

Mitsui N, Hirahara K. 2004. Simple spring-mass model simulation of earthquake cycle along the Nankai trough in Southwest Japan. Pure and Applied Geophysics, 161: 2433-2450.

Miyatake T. 1992. Numerical simulation of the three-dimensional faulting processes with heterogeneous rate-and state-dependent friction. Tectonophysics, 211: 223-232.

Mora P, Place D. 1994. Simulation of the frictional stick-slip instability. Pure and Applied Geophysics, 143(1-3): 61-87.

Noda H, Lapusta N. 2013. Stable creeping fault segments can become destructive as a result of dynamic weakening. Nature ,493: 518-521.

Ozaki S. 2011. Finite element analysis of rate- and state-dependent frictional behavior. Key Engineering Materials, 462-463: 547-552.

Paterson MS,Wong T F. 2005. Experimental rock deformation-the brittle field. Springer-Verlag.

Power WL, Tullis TE. 1991. Euclidean and fractal models for the description of rock surface roughness. Journal of Geophysical Research, 96: 415-424.

Scholz C H. 1998. Earthquakes and friction laws. Nature, 391(1): 37-42.

Shen B, Stephansson O.1995. Coalescence of fractures under shear stresses in experiments. Journal of Geophysical Research: 100 , B4 5975-B4 5990.

Shibazaki B, Obara K, Matsuzawa T, et al. 2012. Modeling of slow slip events along the deep subduction zone in the Kii Peninsula and Tokai regions, southwest Japan. Journal of Geophysical Research,117(Bb).

Sobolev G A, Ponomarev A V, Koltsov A V, et al. 1996. Simulation of triggered earthquakes in the laboratory. Pure and Applied Geophysics, 147(2): 345-355.

Tang C A, Kou S Q. 1998. Crack propagation and coalescence in brittle materials under compression. Engineering Fracture Mechanics, 61: 311-324.

Xing H L, Makinouchi A. 2003. Finite element modeling of frictional instability between deformable rocks. International Journal for Numerical and Analytical Methods in Geomechanics, 27(12): 1005-1025.

Xing H L, Mora P, Makinouchi A. 2004. Finite element analysis of fault bend influence on stick-slip instability along an intra-plate fault. Pure and Applied Geophysics, 161: 2091-2102.

Zöller G, Holschneider M. Ben-Zion Y. 2005. The role of heterogeneities as a tuning parameter of earthquake dynamics. Pure and Applied. Geophysics, 162: 1027-1049.

第 2 章 FLAC-3D 的介绍及二次开发方法

本章主要涉及五方面的内容：①介绍了 FLAC-3D 的基本原理，其中涉及 FLAC-3D 与有限元方法的异同点比较；②介绍了本书随后章节中将用到的两种本构模型，即各向同性的线弹性模型和带拉伸截断的应变软化莫尔-库仑本构模型，对于后者，着重介绍了初始屈服面向残余屈服面转化的过程；③介绍了 FLAC-3D 二次开发的两种方法，其中，重点介绍了利用 FISH 语言进行二次开发可实现的与本书随后章节内容密切相关的功能，即在岩石标本内部预制倾斜的节理、断层及统计弹性应变能释放的时空分布规律，并比较了声发射统计及弹性应变能释放统计的异同，特别强调了弹性应变能释放统计的优势；④简单介绍了 FLAC-3D 在与地震相关问题研究中的应用、非均质性对地震问题研究的重要性及单元非均质性的引入方法；⑤对 FLAC-3D 进行了深刻的剖析，并指出 FLAC-3D 的实质是基于拉格朗日网格的三维连续介质有限差分单元离散的中心差分求解方法。

2.1 FLAC-3D 的基本原理

FLAC-3D 是三维连续介质快速拉格朗日分析 (Three-Dimensional Fast Lagrangian Analysis of Continua) 的简称，由美国 ITASCA 公司开发，可以模拟材料的动力、蠕变、峰后的塑性流动及大变形等问题 (Cundall，1989)。

它的求解流程如图 2.1 所示，其中，一次经由几何方程→本构方程→运动方

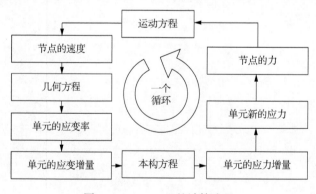

图 2.1 FLAC-3D 的计算流程

程的循环即为 FLAC-3D 中的一个时步。FLAC-3D 每经历一个时步，或一次循环，时步数目就增一。

FLAC-3D 和有限元方法有类似之处，也有单元和节点的概念。运动方程被建立在节点上，而本构方程则被建立在单元上。单元(存储应力及应变等)和节点(存储位移、速度、弹性力、阻尼力及失衡力等)之间的信息通过几何方程和虚功原理沟通。

为了避免六面体单元发生沙漏(零能模式)，FLAC-3D 将 1 个六面体单元离散成 5 个四面体单元(子单元)，离散方式有两种，即两种覆盖。经由下列 3 个过程，获取子单元的应力全量：

(1)利用高斯定理和几何方程，由节点速度计算子单元的应变率。通过高斯定理，可建立节点速度的坐标偏导数与节点速度及子单元的几何尺寸等量之间的关系。再利用几何方程(在力学中，几何方程是指应变和位移的坐标偏导数之间的关系。在 FLAC-3D 中，几何方程是指子单元的应变率和节点速度的坐标偏导数之间的关系)，即可由节点速度计算子单元的应变率。

(2)由子单元的应变率和时间步长计算子单元的应变增量，再利用本构方程，由子单元的应变增量计算子单元的应力增量，由子单元的应力全量和应力增量计算子单元的新应力全量。

(3)根据节点所受的各种力(其合力为节点力)和节点的质量，通过对牛顿第二定律进行中心差分计算节点速度。节点力包括不平衡力和阻尼力两部分。不平衡力是弹性力、外力及重力等力的合力，阻尼力为局部自适应阻尼力。利用虚功原理，节点的弹性力根据若干子单元的新应力全量计算求得。通过对一个单元内部的 10 个子单元的新应力全量进行体积加权平均并除 2，求解该单元的新应力全量。子单元的信息是计算的中间过程，单元的信息是有必要显示的信息。局部自适应阻尼力 F' 的方向和速度有关，而大小和不平衡力 F 有关：

$$F' = -\alpha |F| \mathrm{sign}(v) \tag{2.1}$$

$$\mathrm{sign}(v) = \begin{cases} +1, & v > 0 \\ -1, & v < 0 \\ 0, & v = 0 \end{cases} \tag{2.2}$$

式中，α 为局部自适应阻尼系数，v 为节点速度。

利用中心差分法求解运动方程：

$$v^{(t+\Delta t/2)} = v^{(t-\Delta t/2)} + F^{(t)} \frac{\Delta t}{m} \tag{2.3}$$

式中，$F^{(t)}$ 为节点力，m 为节点质量，v 为节点速度，Δt 为时间步长，t 为时间。

上述过程反复执行，即可求得问题的解答。上述算法对于动力(使用真实质量)及静力问题(使用虚拟质量)都有效，对于静力问题需要对节点施加较大的阻尼力，以使节点的运动最终停止下来。

由于 FLAC-3D 是通过反复循环或迭代的方法解算一系列代数方程，每次循环时步数目就增一，这就像随着时间的增加材料真实的变形和运动过程一样，因此特别适于模拟材料的变形、破坏和失稳过程，而不像传统有限元方法那样一般只能获得一个最终的解答。常规的有限元法是基于静力平衡方程求解，所给出的结果是最终静力平衡的结果或每次加载后平衡的结果。

在 FLAC-3D 中，力学参数(例如，弹性模量、强度参数等)被存储在单元上，而速度被存储在节点上。由于节点本身没有质量，而节点的运动方程在求解时需要质量，FLAC-3D 通过从 1 个节点附近的子单元的质量凝聚或抽取一部分来获得。这样，在节点力的作用下，节点就会运动，单元随之变形。

实质上，FLAC-3D 将 1 个连续体离散为若干节点，每个节点的运动规律由牛顿第二定律确定，节点速度和子单元的应变率通过高斯定理建立起联系。将每个节点的运动规律研究清楚了，连续体中单元的变形也就研究清楚了。这种处理固体的方式就像处理流体一样。事实上，这种方法正是从流体力学中的拉格朗日方法发展而来的。

FLAC-3D 不必联立求解大型的微分方程组，没有单刚、总刚、高斯点、形函数、插值等有限元法中的概念，当然也不会存在常规的有限元方法在处理应变软化问题时遇到的负刚度(刚度矩阵负定)难题；可以人为地控制循环的次数，可以随时中断计算，然后，恢复后再继续计算。这些特点与有限元法很不相同。

2.2　本　构　模　型

在数值计算中，单元破坏前后需要服从不同的应力-应变关系，即本构模型。单元刚发生破坏时需要满足的条件一般称之为强度准则或屈服准则。FLAC-3D 中的本构关系，即子单元的应力张量 $\Delta\sigma_{ij}$ 与应变张量 $\Delta\varepsilon_{ij}$ 之间的关系，是以增量的形式给出的。下面，对两个常用的本构模型进行简略的介绍。为了表述方便，下文中一般只称单元，不称子单元。

2.2.1　各向同性的线弹性模型

各向同性的线弹性模型仅需要两个本构参数，即剪切弹性模量 G 和体积模量 K：

$$\Delta\sigma_{ij} = 2G\Delta\varepsilon_{ij} + \left(K - \frac{2}{3}G\right)\Delta\varepsilon_{kk}\delta_{ij} \tag{2.4}$$

式中，δ_{ij} 是克罗内克尔(Kronecker)符号。

2.2.2　带拉伸截断的应变软化莫尔-库仑本构模型

如果单元的本构模型被指定为各向同性的线弹性模型，则仅利用式(2.4)即可。如果单元的本构模型被指定为其他能描述单元破坏的本构模型，例如，应变软化莫尔-库仑本构模型，也需要首先利用式(2.4)进行计算，这部分计算一般称之为弹性猜想。随后，根据猜测的应力(或称之为试探应力)是否满足屈服函数来判断单元是否发生破坏。如果单元发生破坏，需要对单元的试探应力进行修正。对于剪切和拉伸破坏，应该分别进行修正。修正的具体公式可参阅 FLAC-3D 手册。这里，仅对两种屈服函数和两种塑性势函数进行简略的介绍。

在 σ_1-σ_3 平面内，莫尔-库仑屈服准则是斜直线。通常，岩石的抗拉强度是抗压强度的 1/4～1/10。莫尔-库仑屈服准则往往高估了岩石的抗拉强度。因此，需对上述直线进行拉伸截断。这样，在 σ_1-σ_3 平面内，且在 $\sigma_3=\sigma_1$ 直线(屈服面的对称线)的上方，考虑拉伸截断的莫尔-库仑屈服准则由两条直线构成，见图 2.2。理论上的抗拉强度为 $c/\tan\varphi$，c 是初始黏聚力，φ 是初始内摩擦角。折减后的抗拉强度为 σ_t。在单元发生屈服或破坏之前，单元服从各向同性的线弹性模型［式(2.4)］。一旦单元的应力状态超出了带拉伸截断的莫尔-库仑准则屈服面，单元将发生剪切或拉伸破坏。剪切破坏屈服面的方程为 $f^s=0$，$f^s>0$ 表示单元处于弹性状态，$f^s<0$ 表示其应力状态超过了剪切屈服面。类似地，拉伸破坏屈服面的方程为 $f^t=0$，$f^t>0$ 表示单元处于弹性状态，$f^s<0$ 所示其应力状态超过了拉伸屈服面，f^s 和 f^t 可以分别表示为

$$f^s = \sigma_1 - \sigma_3 N_\varphi + 2c\sqrt{N_\varphi} \tag{2.5}$$

$$f^t = \sigma_3 - \sigma_t \tag{2.6}$$

式中，σ_1 是最小主应力，σ_3 是最大主应力，二者的称呼遵循 FLAC-3D 的约定，$N_\varphi = (1+\sin\varphi)/(1-\sin\varphi)$。

屈服面仅能描述单元是否会发生破坏。单元在发生破坏之后，发生怎样的塑性流动需要由塑性势函数来决定。类似地，塑性势函数包括剪切流动势函数 g^s 和拉伸流动势函数 g^t。g^s 属于非关联的流动法则，而 g^t 属于关联的流动法则：

$$g^s = \sigma_1 - \sigma_3 N_\psi \tag{2.7}$$

$$g^t = \sigma_3 \tag{2.8}$$

式中，$N_\psi = (1+\sin\psi)/(1-\sin\psi)$，$\psi$ 是扩容角。

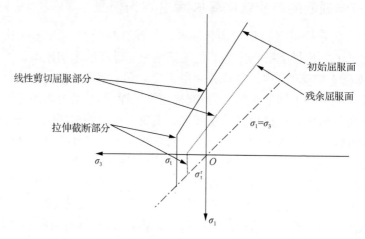

图 2.2　带拉伸截断的应变软化莫尔-库仑本构模型

对于带拉伸截断的应变软化莫尔-库仑本构模型，单元一旦发生破坏，其承载能力将随着塑性应变的增加而下降。因此，单元的应力状态将不能维持在初始的屈服面(由式(2.5)及式(2.6)描述)上，而应落在多个后继的屈服面上，直到其应力状态达到残余阶段，应力状态落在由残余强度参数决定的残余屈服面上(图 2.2 中的 σ_t^r 为残余抗拉强度)。在传统的有限元方法中，上述过程的处理往往是复杂的和困难的。在 FLAC-3D 中，c、φ、ψ 及 σ_t 都允许随着塑性应变的增加而降低，直至达到残余阶段。这样，只需已知塑性应变，就可确定出当前的 c、φ、ψ 及 σ_t，代入式(2.5)至式(2.8)后即可求得当前的屈服面和流动法则。所以，FLAC-3D 处理应变软化问题十分方便，不必考虑特殊的处理方式。

若某单元在过去已经发生破坏，而当前的应力状态满足 $f^s > 0$ 或 $f^t > 0$ 时，则该单元将发生弹性卸载；在后面的加载过程中，一旦应力状态再次满足 $f^s < 0$ 或 $f^t > 0$，则该单元将再次被加载，直至进入应变软化状态。

2.3　FLAC-3D 二次开发的两种方法

FLAC-3D 为用户提供了二次开发的两种方法，用于实现特殊的目的。在开发新的本构模型方面，需要利用 FISH 语言或 C++编程。两种方法各具优势。有时实现一种功能，可以选择任一种方法；有时实现一种功能，只能选择一种方法。

2.3.1　C++编程

以公开的一些本构模型的 C++源代码为蓝本，利用 C++编写程序开发新的本构模型。通过编译成 DLL(动态链接库)文件，使其能够装载到 FLAC-3D 中，供用户调用并执行，就像执行 FLAC-3D 内嵌的其他本构模型一样。本书不涉及这方面内容，不对此进行赘述。

2.3.2　FISH 语言编程

FISH 语言是 FLAC-3D 的内嵌编程语言，可以定义新的函数、变量，甚至可以修改本构模型，这为 FLAC-3D 的高级应用及二次开发提供了很好的机会。FISH 语言允许用户定义新的函数，称之为 FISH 函数。为了适合特殊的需要，用户开发的FISH 函数不仅扩展了 FLAC-3D 的功能,而且添加了用户自定义的特色。FISH 语言复杂、艰涩，难于掌握，调试不方便，实现一个在高级语言中易于实现的功能并不容易，需要丰富的编程经验和长期的应用经历才能胜任此种二次开发工作。

利用 FISH 语言，至少可以做下列工作：

1)在岩石标本内部预制倾斜的节理、断层

为了在岩石标本内部规定节理或断层(Wang，2005，2007)，需要执行下列 4 步：

(1) 建立直角坐标系 xOy，利用各单元节点的坐标，确定各单元的中心 (x_0, y_0)；

(2) 设定节理或断层所在平面与水平面的夹角 ϕ_0、厚度 w 及中线 AB 上的任一个点 $C(x_c, y_c)$，见图 2.3，确定节理或断层的两个边界(ab 和 $a'b'$)的方程与 y 轴的截距 b_1 及 b_2：

$$b_1 = \frac{w}{2\cos\phi_0} + y_c - x_c\tan\phi_0 \tag{2.9}$$

$$b_2 = -\frac{w}{2\cos\phi_0} + y_c - x_c\tan\phi_0 \tag{2.10}$$

(3) 判断各单元的中心(x_0, y_0)是否位于上述两个边界之间，若 $y_0 < kx_0 + b_1$ 且 $y_0 > kx_0 + b_2$, $k = \tan\phi_0$,记住该单元的识别号码(在 FLAC-3D 中，每个单元都有一个识别号码)；

(4) 将被记住的单元(断层、节理内部的单元)和其余的单元(岩石单元)赋予不同的本构关系和本构参数。

图 2.4 是利用上述步骤实现的在岩石标本中预制某一角度的断层或节理。

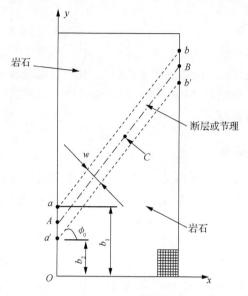

图 2.3   在岩石标本内部预制倾斜的节理、断层的原理图

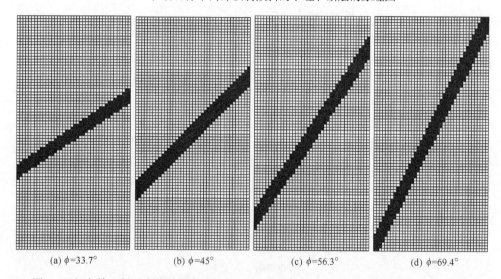

(a) ϕ=33.7°   (b) ϕ=45°   (c) ϕ=56.3°   (d) ϕ=69.4°

图 2.4   包含单一断层或节理的岩石标本(断层或节理所在平面与水平面的夹角 ϕ_0 不同)

2)统计声发射累计数和声发射率

数值计算中的声发射率和物理试验中的声发射数或振铃数具有一定的类似性,但并不完全相同。在拟静力的数值计算中(王学滨,2008a,2008c;王学滨等,2009),如果一个单元刚发生破坏,则被视为一个事件,此后,其不再被视为一个

事件。由于将一个刚发生破坏的单元视为一个事件，因此，事件的尺度就是一个单元的尺寸，这与实际情况是有差距的，物理试验中的一个事件可能涉及一定的尺度。

在物理试验中，在一定的时间间隔之内对事件的数目进行统计，而在拟静力的数值计算中(王学滨，2008a，2008c；王学滨等，2009)，对一定的时步数目间隔之内事件的数目(可以比拟为声发射率)进行统计。时步与时间是不同的概念，时步并没有单位，1 个时步是指一个计算循环，完成从几何方程→本构方程→运动方程的计算。为了完成一个问题的计算，例如从加载至平衡，往往需要大量的时步数目，才能达到令人满意的结果。

FLAC-3D 为了加快计算的速度，每隔一定的时步数目才在窗口中显示一次计算结果。因此，统计每 10 个时步之内事件的数目(声发射率)并将其显示出来既不会消耗过多的时间用于显示结果，也可以保证有足够的事件用于统计。

如果将每 10 个时步之内的声发射率加在一起，则可以得到声发射率的累计数，即破坏单元的总数。为了进一步了解由剪切和拉伸破坏所引起的事件的各自比例，可以将声发射率和声发射累计数细分为剪切和拉伸部分。在声发射率-时步数目曲线上，如果声发射率高且比较密集地分布，则说明事件比较活跃；否则，如果声发射率很小或为零，则意味着接近没有或没有新的事件发生。在声发射累计数-时步数目曲线上，事件比较活跃表现为声发射累计数的快速上升，没有新事件发生则表现为声发射累计数保持不变。

3) 统计弹性应变能释放的时空分布规律

每 10 个时步之内声发射统计的计算量很小，但却存在一定的缺陷，例如，不能区分出这些事件的大小，即无论是一个大事件，还是一个小事件，都被计为 1，这显然不能反映出事件的全部特征。为此，可统计破坏单元释放的能量(王学滨，2008b；王学滨和潘一山，2009)，即释放的弹性应变能。在这里，事件不是被定义为一个刚发生破坏的单元，而是被定义为释放弹性应变能的破坏单元。如果一个破坏单元总在释放弹性应变能，则它总被视为一个事件。也就是说，在每 10 个时步之内，只要某破坏单元释放了弹性应变能，它就被视为一个事件，将其释放的弹性应变能记录下来。然后，遍历所有的事件，就可得到标本在 10 个时步之内释放的弹性应变能，称之为弹性应变能释放率，其单位仍然同弹性应变能(J)。对所有 10 个时步之内标本释放的弹性应变能求和即可得到释放的弹性应变能总量。破坏单元释放的弹性应变能由破坏单元储存的弹性应变能的降低量描述。弹性应变能的降低量通过对破坏单元前、后储存的弹性应变能作差获得，要求之差大于零。

一个破坏单元储存的弹性应变能为

$$W = \frac{1}{2E}(\sigma_1^2 + \sigma_2^2 + \sigma_3^2 - 2\mu\sigma_1\sigma_2 - 2\mu\sigma_1\sigma_3 - 2\mu\sigma_2\sigma_3)V \tag{2.11}$$

式中，E 是弹性模量，σ_2 是中间主应力，μ 是泊松比，V 是单元的体积。

式(2.11)对于单元发生剪切和拉伸破坏同样适用。一旦单元发生剪切破坏，则计算出的应变能为剪切应变能，反之，为拉伸应变能。式(2.11)每隔 10 个时步都要被执行一次。只要发现弹性应变能是下降的，就将其记录下来，这一部分能量是释放的弹性应变能，可以利用多种方式对其进行统计。

虽然，释放的弹性应变能的计算比较繁琐，但是和声发射相比，更容易揭示出事件大小上的差别。与声发射随时步数目的演变规律类似，如果弹性应变能释放率高且密集，则意味着许多破坏单元同时释放能量，因此事件非常活跃，在释放的弹性应变能密度-时步数目曲线上则表现为快速上升。类似地，为了研究上的需要，也有必要区分出发生剪切和拉伸破坏的单元释放的能量。

除了以曲线的形式呈现弹性应变能释放的演变结果，还可以以圆圈的方式呈现破坏单元弹性应变能释放的分布结果。图 2.5 给出了顶板（均质弹性梁）-岩柱-底板（均质弹性梁）系统破坏过程中弹性应变能释放的模拟结果（王学滨和潘一山，2009）。计算分两步进行：先在模型的四周施加上应力或约束，然后开始计算，直到达到静力平衡状态；再开挖两个矩性区域，然后开始计算。

计算表明，中间的岩柱发生了大面积的破坏，两侧的岩体发生了类似陡边坡滑坡的破坏形态，顶板向下弯曲 [图 2.5(a)]。图 2.5(b～c)分别给出了剪切及拉伸破坏单元释放的弹性应变能分布，圆圈越大，代表释放的弹性应变能越大，圆圈的中心指明了释放弹性应变能的破坏单元的中心点位置。图 2.5(b)显示，中间的岩柱的剪切应变能释放主要发生在岩柱的两条对角线上；图 2.5(c)显示，中间的岩柱的拉伸应变能释放主要发生在岩柱的两帮，释放的剪切弹性应变能远高于释放的拉伸弹性应变能。图 2.5(d)给出了能量释放率随时步数目的演变规律。剪切弹性应变能释放率远高于拉伸弹性应变能释放率，剪切弹性应变能释放率存在一个峰值，此时，剪切弹性应变能释放最为猛烈。

统计弹性应变能释放的时空分布规律，可以更深入地了解事件(或局部失稳)的发生、发展及终止规律。

在本书随后的章节中，利用 FISH 语言，对 FLAC-3D 进行了多方面的二次开发。例如，由各种释放的弹性应变能计算标本内及各条断层上事件的频次-能量释放关系及其斜率的绝对值(b_0 值)，统计应变陡降量的时空分布规律，提出了摩擦强化-摩擦弱化模型等。这些工作将在随后的章节中具体介绍。

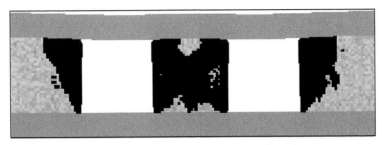

(a) 岩柱破坏过程中破坏单元分布

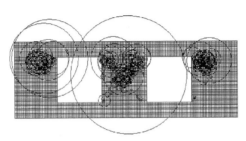

(b) 剪切应变能释放的分布规律

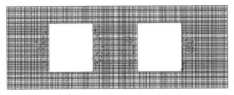

(c) 拉伸应变能释放的分布规律

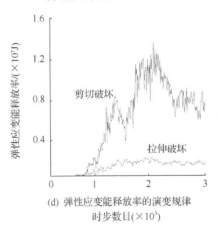

(d) 弹性应变能释放率的演变规律
时步数目(×10³)

图 2.5　岩柱破坏过程中破坏单元分布、弹性应变能释放的分布规律及弹性应变能
释放率的演变规律

2.4　FLAC-3D 在与地震相关问题研究中的初步应用

　　FLAC-3D 主要被用于岩土结构力学行为的数值模拟研究之中，被用于地震、构造地质问题的数值模拟研究之中并不多见（Strayer and Hudelston，1997；Mckinnon and De La Barra，1998；Erickson et al.，2001）。马瑾（1999）在分析中国地震活动时，认为要把视角从以活动断层为中心转变为以活动块体为中心。王学滨等（2004）采用 FLAC-3D 建立了 2 块体和 5 块体模型，采用界面模型模拟断层，研究了界面的法向和切向刚度对块体模型的剪切带图案的影响。模拟的共轭剪切带网络与丁国瑜和李永善（1979）、张四昌（1991）的有关论述是一致的。他们通过对地震活动、地质构造、地貌及卫星影像等方面资料分析后认为，在我国广大范围内普遍存在着一个规则的、现代正在活跃着的地壳破裂网络图像，其中在地震活动方面，普遍地具有带状及共轭状规则分布特点，且北东和北西两个方面的分布最为明显，在很大范围和距离内常常可追踪上百或上千公里、方向非常相近的多条平行条带。

　　计算结果表明，剪切带交汇部位的剪切应变率较高。这一结果可以解释下列现象："较强烈的地震往往发生于两组地壳破裂带交叉部位"（丁国瑜和李永善，1979）；"至今还未发现两支相交条带未对应主震的情况"（刘浦雄和陈章立，1989）；"两组断裂的交汇部位是发生强震较多的地方，这已成为较为公认的地震地质标志"（张四昌，1991）。刘浦雄及陈章立（1989）还指出，条带可作为中期预报的一种方法；当出现两支条带时，其交汇部位就是未来主震震中，且震级多为强震。

　　计算结果还表明，中心块体的尺寸对剪切带的分布有较大的影响。当中心的块体尺寸较大时，剪切带仅发生在其周围的小块体内部。这一结果可以解释下列现象：鄂尔多斯块体的尺寸较其周围的小块体尺寸要大得多，鄂尔多斯块体内部相对稳定，而周围的小块体经常发生地震。据历史记载，在距今 1500 年期间，鄂尔多斯块体周边断陷系曾发生 10 次 7 级以上强震，但不是其周围的所有小块体都发生地震，在某一构造应力场的作用下，地震主要集中在某些小块体内部。

　　此外，王学滨等（2004）还对大地震的成组活动、剪切带的等距性、主条带和次条带、新老构造的不一致性等问题进行了讨论。

　　王学滨（2005）利用 FLAC-3D 模拟了双轴压缩条件下均质岩样不同变形阶段剪切应变率的异常表现，对一系列地震现象进行了讨论，例如，地震空区的形成及消失、大地震之前的平静、源兆及场兆的差异等。王学滨（2008d）采用相同的方法和模型，研究了岩样不同变形阶段剪切应力的异常表现，着重对下列地震现象进行了讨论，例如，地震原地复发前兆的差异（罗灼礼等，1997）、前兆的复杂性（朱令人等，1997）、在短临阶段双带变单带（李献智等，1997）、剪应力反向、在中短期至短临阶段异常由外围向震中区迁移丛集(范燕和车兆宏，2001；宋治平等，2001)、在短临阶段地震由震中区向外围迁移(宋治平等，2001)、走滑型地震的异常少(梅世蓉，1985；焦明若和张国民，1998)等。

2.5　非均质性对地震问题研究的重要性及单元非均质性的引入

2.5.1　非均质性对地震问题研究的重要性

地震活动具有明显的区域性特征，在不同的观察尺度上，大至地震带，小到某个小震群的空间分布，无不显示出地震活动在空间上的不均匀性(时振梁等，1995)。研究发现，不同构造区域的地震的前兆场存在一定的差异，例如中国西部和华北的地震；即使是在同一构造区域内，不同地震的前兆场也存在差异，例如，海城地震和唐山地震在大地构造上相似，都位于华北凹陷带的边缘，但震源体的细结构不同，其短临前兆显示出很大的差异：海城地震前有大量的异常而且有丰富的前震，而唐山地震前半年内临近震中的较大范围内连 2 级地震都没有发生过。

许多研究人员都已经认识到了岩石构造非均匀性对地震问题研究的重要性。Mogi 早在 60 年代就认为介质的非均匀程度是决定 b 值大小的主要因素，并进行了构造均匀程度不同(均匀、稍不均匀和极不均匀)的 3 种岩石标本的声发射物理试验。马胜利和马瑾(2003)总结了我国实验岩石力学与构造物理学研究的若干新进展，文章在最后指出，介质和结构的非均匀性以及时间过程的复杂性，仍将是地震学和地球内部物理学研究中的核心问题之一。刘力强等(1999)开展了日本 Inada 细晶花岗岩(结构均匀)和法国 Mayet 粗晶花岗岩(结构不均匀，发育有天然节理)的对比物理试验，认为加载方式和岩石构造是影响岩石破裂过程中微破裂空间分布的两个重要的因素。刘力强等(1999)认为岩石构造的非均匀程度可能是造成地震活动非均匀的重要因素之一，并建议对不同岩石构造引起的微破裂在频谱和频度-能级分布等方面的差异，在地震活动性分析中也应予以注意。刘力强等(2001)将摩擦滑动造成 b 值和频谱不同的变化图像的原因归于滑动面非均匀性(断层非均匀性)的影响。马胜利等(2004)及 Lei 等(2004)讨论了标本非均匀性对岩石变形声发射时空分布的影响，认为，岩石的非均匀结构是支配脆性岩石内断层形成过程的最重要因素，并发现，只有具有一定非均匀性的岩石在其破坏之前可以出现前兆性的异常微破裂活动特征。滕吉文(2010)也指出，"未来强烈地震或大地震孕育、发生和发展的强度预测与其发生的介质与构造环境密切相关，这一点必须给予极大的重视"。

2.5.2　单元非均质性的引入

目前，对于实验室尺度包含断层的岩石标本，在数值计算中考虑材料的非均匀性一般可采用以下两种方式：用 Weibull 分布函数描述单元力学参数在空间上的随机变化，或者考虑岩石的细观结构。当岩石中包含的多种矿物的力学特性有显著差异时，才有必要考虑岩石的细观结构。岩石的二维细观结构一般可通过数字图像方法获得(Chen et al.，2004；朱万成等，2006；于庆磊等，2007)；岩石的三维细观结构一般通过逐层研磨和逐层拍照的方式(Chen et al.，2007)获得，这种方法存在许多问题，例如，在拍摄过程中，要随时根据所磨去的岩石薄层的厚度去调节摄像头与岩石表面之间的距离，这不仅麻烦，而且难于保证精度。

Weibull 分布函数(唐春安等，1997；Tang and Kou，1998；Fang and Harrison，2002a，2002b；焦明若等，2003；Liu et al.，2004)可以表示为

$$f(u) = \frac{m}{u_0} \left(\frac{u}{u_0} \right)^{m-1} \exp\left[-\left(\frac{u}{u_0} \right)^m \right] \tag{2.12}$$

式中，m 是非均质性参数，越大表示材料越均质，u_0 是某一力学参数 u 的均值，$f(u)$ 是 u 的概率密度。

下面，介绍给单元赋予随机的力学参数的方法(王学滨和潘一山，2009)。首先，将某一力学参数 u 划分为若干级别，确定需要赋值的单元总数 n。然后，利用式(2.12)计算出各级别的概率及单元数。对于任一级别 i，假定某一力学参数的值为 V_i，假定需要赋值的单元数为 n_i。从 1~n 中随机选取不可重复的 n_i 个数，将这些数所对应单元的某一力学参数 u 值指定为 V_i，即可实现给一些单元的力学参数赋予定值 V_i 的目的。若 1~n 中有的数已经被选择一次，则需要做标记不能被再次选中。对于任一级别，都将执行上述操作，即可实现将不同的力学参数赋给所有单元的目的。

特别需要指出的是，由于本构参数中可能有多个参数均被指定服从上述 Weibull 分布规律。因此，它们之间可能存在两种关系，即相关性或独立性。相关性意味着一个单元的某一个力学参数高，而其余的力学参数也高。欲实现力学参数的相关性只需抽取一次随机数即可。本书未采用这种简单的方式，对于任一参数均单独抽取随机数，以实现本构参数的独立性，其目的是增加材料复杂性。

2.6　FLAC-3D 剖析

按所采用的坐标系的不同，求解力学问题的方法主要分为拉格朗日方法和欧

拉方法。欧拉方法的坐标是固定的，计算网格是不变的，物质通过网络边界流进流出，物质的大变形不直接影响时间步长的计算，适于处理爆炸、高速冲击等大变形问题。拉格朗日方法的坐标固定在物质上，随物质一起运动或变形，便于描述不同部分材料的不同应力历程，允许对不同部分的材料采用不同的本构关系。两种方法各有不足，兼具两种方法特点的求解方法更具优势(宁建国等，2010)。在 FLAC-3D 中，坐标系是根据拉格朗日方法建立的。

在数值求解之前，需将连续的计算域划分成离散的网格或单元。单元的应变求解方法一般可分两种：①引入位移形函数确定单元的应变；②通过节点的速度确定单元的应变率和应变。前一种单元是有限单元，而后一种单元是差分单元。在 FLAC-3D 中，采用差分单元离散连续体。差分单元为四面体，又称之为子单元。根据高斯定理，速度的偏导数在子单元上的积分等于速度在子单元表面上的积分。速度的偏导数的平均值可近似表示为子单元表面上速度的平均值在表面上的积分再除以子单元的尺寸，而子单元表面上的速度的平均值可表示为子单元表面上三点速度的平均。这样，就建立了速度的偏导数与各节点速度和子单元几何尺寸之间的关系，也就是说，将偏微分转化成差分，将偏导数的计算转化成坐标的计算。

连续体被离散后，运动方程可能是耦合的，也可能是非耦合的。对于耦合情形，通过总体刚度矩阵建立力与位移向量的关系，采用高斯消去方法等数值分析方法进行求解；对于非耦合情形，可采用中心差分方法等数值分析方法进行求解。在 FLAC-3D 中，采用中心差分方法求解运动方程。

所以，从不同角度出发，FLAC-3D 可以称之为三维拉格朗日方法、拉格朗日元方法或有限差分方法，但并不完全准确，实质上是基于拉格朗日网格的三维连续介质有限差分单元离散的中心差分求解方法。在有些变形体离散元方法中，采用差分单元描述块体内部的变形。中心差分方法是快速求解运动方程的常见方法，在有些离散元方法和有限元方法中常会用到。

2.7　本　章　小　结

首先，本章介绍了 FLAC-3D 的基本原理、本书中将用到的两种本构模型、FLAC-3D 二次开发的两种方法，其中，重点介绍了利用 FISH 语言进行二次开发可实现的功能，声发射统计的计算量尽管很小，但却存在一定的缺陷，例如，不能区分出这些事件的大小，释放的弹性应变能统计的计算量尽管大一些，但容易揭示出事件大小上的差别，更适于事件(或局部失稳)的发生、发展及终止规律的研究需要；然后，简单介绍了 FLAC-3D 在与地震相关问题研究中的应用、非均质性对地震问题研究的重要性及单元非均质性的引入方法；最后，对 FLAC-3D 进行了剖析，其实质是基于拉格朗日网格的三维连续介质有限差分单元离散的中心差分求解方法。本章内容为本书随后章节奠定了一定的技术基础。

参 考 文 献

丁国瑜, 李永善. 1979. 我国地震活动与地壳现代破裂网络. 地质学报, (5):22-34.

范燕, 车兆宏. 2001. 南北地震带北段及其两侧断层现今活动性.地震, 21(2): 87-93.

焦明若, 唐春安, 张国民, 等. 2003. 细观非均匀性对岩石破裂过程和微震序列类型影响的数值试验研究. 地球物理学报, 46(5): 659-666.

焦明若, 张国民. 1998. 地震前兆复杂性成因机理研究的讨论(一)——地震前兆复杂性的表现形式.地震, 18(1): 14-20.

李献智, 李丽, 赵成达. 1997. 短期前兆动态变化与地震关系的研究.地震, 17(2): 149-156.

刘力强, 马胜利, 马瑾, 等. 1999. 岩石构造对声发射统计特征的影响. 地震地质, 214: 377-386.

刘力强, 马胜利, 马瑾, 等. 2001. 不同结构岩石标本声发射 b 值和频谱的时间扫描及其物理意义. 地震地质, 23(4): 481-492.

刘浦雄, 陈章立. 1989. 地震条带及其在地震预报中的作用. 中国地震, 5(1): 23-32.

罗灼礼, 丁鉴海, 刘德富, 等. 1997. 我国地震预报研究概述.地震, 17(3): 317-324.

马瑾. 1999. 从断层中心论向块体中心论转变——论活动块体在地震活动中的作用. 地学前缘, 6(4): 363-370.

马胜利, 雷兴林, 刘力强. 2004. 标本非均匀性对岩石变形声发射时空分布的影响及其地震学意义. 地球物理学报, 47(1): 127-131.

马胜利, 马瑾. 2003. 我国实验岩石力学与构造物理学研究的若干新进展. 地震学报, 25(5): 453-464.

梅世蓉. 1985. 地震前兆的地区性.中国地震, 1(2): 17-23.

宁建国, 王成, 马天宝. 2010. 爆炸与冲击动力学. 北京:国防工业出版社.

时振梁, 王健, 张晓东. 1995. 中国地震活动性分区特征. 地震学报, 17(1): 20-24.

宋治平, 徐平, 薛艳. 2001. 华北地区震群活动的阶段性特征.地震, 21(1): 47-52.

唐春安, 傅宇方, 赵文. 1997. 震源孕育模式的数值模拟研究. 地震学报, 19(4): 337-346.

滕吉文. 2010. 强烈地震孕育与发生的地点、时间及强度预测的思考与探讨. 地球物理学报, 53(8): 1749-1766.

王学滨, 代树红, 潘一山. 2009. 孔隙水压力条件下含缺陷岩样破坏过程及声发射模拟. 中国地质灾害与防治学报, 20(2): 52-59.

王学滨, 潘一山. 2009. 岩石结构稳定性理论及破坏过程数值模拟//力学与工程科学的耕耘——庆祝章梦涛先生 80 华诞论文选集. 太原: 山西科学技术出版社, 262-268.

王学滨, 赵扬锋, 代树红, 等. 2004. 地震块体模型的共轭剪切破裂带数值模拟. 防灾减灾工程学报, 24(2): 119-125.

王学滨. 2005.地震前兆特征与岩样剪切应变率异常数值模拟. 大地测量与地球动力学, 25(1): 102-107,122.

王学滨. 2007. 含随机材料缺陷岩样的破坏前兆及剪切模拟. 地下空间与工程学报, 3(6): 1047-1050.

王学滨. 2008a. 不同强度岩石的破坏过程及声发射数值模拟. 北京科技大学学报, 30(8): 837-843.

王学滨. 2008b. 缺陷数目对岩样声发射及应变能降低的影. 中国有色金属学报, 18(8): 1541-1549.

王学滨. 2008c. 峰后脆性对非均质岩石试样破坏及全部变形的影响. 中南大学学报(自然科学版), 39(5): 1105-1111.

王学滨. 2008d. 平面应变双轴压缩岩样剪应力异常及破坏过程模拟. 地球物理学进展, 23(5): 1417-1424.

于庆磊, 唐春安, 唐世斌. 2007. 基于数字图像的岩石非均匀性表征技术及初步应用. 岩石力学与工程学报, 26(3): 551-559.

张四昌. 1991. 中国大陆共轭地震构造研究. 中国地震, 7(2): 69-76.

朱令人, 周仕勇, 杨马陵, 等. 1997. 地震复杂性前兆与强震多重分形谱异常. 地震, 17(4): 331-339.

朱万成, 康玉梅, 杨天鸿, 等. 2006. 基于数字图像的岩石非均匀性表征技术在流固耦合分析中的应用. 岩土工程学报, 28(12): 2087-2091.

Chen S, Yue Z Q, Tham L G. 2004. Digital image-based numerical modeling method for prediction of inhomogeneous rock failure. International Journal of Rock Mechanics and Mining Sciences, 41(6): 939-957.

Chen S, Yue Z Q, Tham L G. 2007. Digital image based approach for three-dimensional mechanical analysis of heterogeneous rocks. Rock Mechanics and Rock Engineering, 40(2): 145-168.

Cundall P A. 1989. Numerical experiments on localization in frictional materials. Ingenieur-Archiv, 59(2): 148-159.

Erickson S G, Strayer L M, Suppe J. 2001. Initation and reactivation of faults during movement over a thrust-fault ramp: numerical mechanical models. Journal of Structural Geology, 23:11-23.

Fang Z, Harrison J P. 2002a. Development of a local degradation approach to the modeling of brittle fracture in heterogeneous rocks. International Journal of Rock Mechanics and Mining Sciences, 39(4): 443-457.

Fang Z, Harrsion J P. 2002b. Application of a local degradation model to the analysis of brittle fracture of laboratory scale rock specimens under triaxial conditions. International Journal of Rock Mechanics and Mining Sciences, 39(4): 459-476.

Lei X L, Masuda K, Nishizawa O, et al. 2004. Three typical stages of acoustic emission activity during the catastrophic fracture of heterogeneous faults in jointed rocks. Journal of Structural Geology, 26: 247-258.

Liu H Y, Kou S Q, Lindqvist P A, et al. 2004. Numerical studies on the failure process and associated microseismicity in rock under triaxial compression. Tectonophysics, 384: 149-174.

Mckinnon S D, De La Barra I G. 1998. Fracture initiation, growth and effect on stress field: a numerical investigation. Journal of Structural Geology, 20(12): 1673-1689.

Strayer L M, Hudelston P J. 1997. Numerical modeling of fold initiation at thrust ramps. Journal of Structural Geology, 12: 499-512.

Tang C A, Kou S Q. 1998. Crack propagation and coalescence in brittle materials under compression. Engineering Fracture Mechanics, 61: 311-324.

Wang X B. 2005. Joint inclination effect on strength, stress-strain curve and strain localization of rock in plane strain compression. Materials Science Forum, 495-497: 69-74.

Wang X B. 2007. Effects of joint width on strength, stress-strain curve and strain localization of rock mass in uniaxial plane strain compression. Key Engineering Materials, 353-358: 1129-1132.

第3章 雁形断层力学行为数值模拟

3.1 雁形断层力学行为研究概述

断层是由大量离散的区段构成的不连续地貌。在雁形断层中，毗邻的离散的区段避开且稍有重叠(Aydin and Schultz，1990)。雁形断层可以在多种尺度上被观察到。在美国圣安德列断层上，其尺寸可达20km(Segall and Pollard，1980)，而在南非金矿由采矿诱发的正断层中，其尺寸为厘米量级(Gay and Ortlepp，1979)。在实验室受载的岩石试样或标本中，可以观察到尺寸更小的雁形裂纹。雁形断层的类型依赖于阶步方向、滑动方向和雁列区内部的变形性质(Swanson，1990)。两种典型的雁形断层是挤压和拉张雁形断层。区别它们非常容易：若两个区段端部的连线与第一主应力平行，则此种雁形断层是挤压雁形断层；若两个区段端部的连线与第一主应力垂直，则此种雁形断层是拉张雁形断层。相应地，挤压和拉张雁形断层的岩桥、阶区或雁列区分别被称为反扩容的和扩容的(Segall and Pollard，1980；Sibson，1985；Swanson，1990；Harris and Day，1993)。两个毗邻的断层区段无论是否重叠，都存在相互作用，其行为与平直断层(Segall and Pollard，1980；Du and Aydin，1991)的不同。大量证据表明，两种典型的雁形断层在应力分布、次级断裂及发生地震的震级等多方面都存在显著差异。挤压雁列区就像被锁住一样，这里可以积累较高的应变和能量(Segall and Pollard，1980；Sibson，1985；马瑾等，2007，2008；Ma et al.，2010)，因而可以成为中等至大地震的潜在成核位置，而拉张雁列区则较容易发生断裂。

详细的地震学的研究表明，地震倾向于丛集于雁列区附近(Segall and Pollard，1980)。另外，许多走滑型地震引发的破裂会结束于雁列区附近(Sibson，1985)。Lei 等(2011)的研究表明，在多次断层破裂的作用下，雁列区会严重受损，成为地壳的渗透通道。这样，雁列区将对与流体流动有关的过程较为灵敏，例如，远程地震触发。为了研究雁形断层的应力和位移分布、失稳前兆和断层之间的相互作用对促进和阻碍断层滑动的影响等问题，地震学家们开展了大量的研究工作(Bomblakis，1973；Segall and Pollard，1980；Sibson，1985；Ma et al.，1986；Aydin and Schultz，1990；Du and Aydin，1991；Harris and Day，1993；Thomas and Pollard，1993；Ma et al.，2010；蒋海昆等，2002；陈俊达等，2005；马瑾等，2007，2008)。为了研究雁列区的变形性质和有关构造以及一些盆地和山脉形成的机制，地质学家们也开展了针对雁形断层的大量研究(Swanson，1990；Zachariasen and Sieh，1995)。

雁形断层的先驱性研究工作是由 Segall 和 Pollard(1980)完成的。他们考虑了裂纹之间的弹性相互作用，并且推导了非均质弹性介质中任意分布的任意数目的非贯通裂纹的二维应力解答。他们发现，对于挤压雁形断层，断层之间的弹性相互作用能使雁列区的平均压缩应力和断层端部的摩擦阻力增加，这将对跨雁列区滑移的传递起到阻碍作用，即成为破裂传播的障碍，将对地震起到停止的作用。然而，对于拉张雁形断层，断层端部的摩擦阻力消失了，这有助于破裂的传播和断层滑动。Sibson(1985)考虑了流体压力的下降引起的断层强度的提高，提出了针对拉张雁形断层的不同观点。Segall 和 Pollard(1980)进行的是二维准静力分析，不能考虑一些关键因素的影响，例如，应力波和时间依赖的应力集中。Harris 和 Day(1993)利用二维有限差分方法研究了断层的阶步对动态破裂的影响。他们发现，拉张雁形断层的破裂倾向于比挤压雁形断层破裂延迟更长的时间。他们的模型是纯弹性的，不允许介质发生破裂。基于不连续位移的边界元方法，Aydin 和 Schultz(1990)发现，挤压雁形断层的能量传播要快于拉张雁形断层的。Du 和 Aydin(1993，1995)研究了雁形断层的剪切断裂和拉张断裂传播路径、剪切断裂模式和几何形状复杂条件下的连通性。Thomas 和 Pollard(1993)研究了雁形断层在一种透明塑料中的断裂路径。Du 和 Aydin(1991)使用叠加和逐渐近似方法分析了各裂纹之间的相互作用。他们发现，雁形裂纹阵列的相互作用最为强烈。一些有前景的数值方法(Dalguer et al.，2003；Day et al.，2005；De Joussineau et al.，2003；Hok et al.，2010；Ohlmacher and Berendsen，2005；Paluszyna and Matthäib，2009)已被用于模拟远离断层的塑性变形和雁形断层的变形和破坏，但本构参数的非均匀性少见被考虑。

为了阐明地震的发生机理及失稳前兆的变形场和物理场，国内的一些研究人员以两种典型雁形断层为例开展了不少卓有成效的研究工作，采用的研究手段包括声发射技术、热红外技术及数字图像相关方法等(马瑾等，1999，2000，2007，2008；马瑾，2010；刘力强等，1999，2001；蒋海昆等，2002；马胜利等，1995，2002，2004a，2004b，2008；马胜利和马瑾，2003；雷兴林等，2004；陈俊达等，2005；陈顺云等，2005，刘培洵等，2007)。马瑾等(2007)采用热红外技术和接触式测温仪同步观测了挤压和拉张雁形断层失稳错动前后的热场变化过程。他们发现，对于挤压雁形断层，在较大的黏滑事件中，均可观测到断层附近温度"先降后升"现象，而对于拉张雁形断层，在岩桥区破坏后，几乎观察不到温度"先降"现象；挤压雁列区处于相对高温区，也是强挤压区；拉张雁列区处于相对低温区，也是强拉伸区。以往的试验研究表明，挤压雁列区可以积累较高的应变能，区内可发生较高的应变能释放,且岩桥区对滑动始终起着阻碍作用,而拉张雁列区在破裂后对断层错动几乎不构成障碍(马胜利等,1995)。马瑾等(1999)根据一个区域变形过程中不同构造部位作用的不同,将其划分为 5 种类型:制动单元(或闭锁单元)、错动单元、让位单元、敏感单元和阀单元。雁列部位是一个对应变变化和断层错动情况反映灵敏的部位,是敏感单元;拉张雁列部位是一个应力易于释放的部位,是失稳发生的部位之一;敏感单元与失稳部位可以相互重叠,也可以不重叠,在后一种情况下,就可能出现前兆偏离现象。对于挤压雁形断层,马瑾等(1999)给出了两次失稳事件发生过程中应变敏感单元和错动单元的分布。第一个事件发生在雁列部位,雁列区外侧的一个监测点的应变大小和主轴方向均发生了明显的变化,此时,敏感单元与错动单元邻近。第二个事件发生在下断层上,但位于雁列区的一些点的应变大小和方向均发生了明显的变化,此时,敏感单元与错动单元相互偏离。对于拉张雁形断层,马瑾等(1999)分别给出了发生在雁列区内和上断层上两次失稳事件前后应变张量的变化。对于发生在雁列区内的事件,临失稳前,位于雁列区内的一些点已有明显的应变积累,并发生顺时针旋转,此时,敏感单元与错动单元邻近。对于发生在上断层上的事件,在临失稳前,位于断层端部的一些测点的应变旋转量较大,可达 3°～5°,异常最为明显,此时,前兆部位与发震部位偏离。刘力强等(2001)在双轴压缩条件下,开展了包含挤压和拉张雁形断层的辉长岩试样(25cm×25cm×2cm)的差应力-时间曲线、声发射时间序列、b 值和频谱随时间变化的研究。断层宽度为 3mm,采用石膏充填,围压为 5MPa,轴向压缩速率为 0.5μm/s。对于挤压雁形断层,差应力随时间的变化大致可以划分为两个阶段:在第一阶段,应力随时间迅速增加,在第二阶段,应力变化趋于平缓,且有一系列明显的应力下降过程。在第一阶段,声发射频度和大事件的数量均有由低至高的趋势,而在第二阶段,声发射始终保持高频度,较大事件成簇出现。b 值-时间曲线大致可划分为两个阶段 A 和 B。在 A 阶段,b 值最初变化很小,随着较大事件不断发生,b 值表现出下降的趋势,其中在每个大事件前 b 值均有明显的下降;在 B 阶段,b 值变化复杂。声发射频谱-时间曲线有类似的分段性,其中,在 A 阶段,在较大事件发生前,频谱下降的现象很显著,但在一些事件发生前,频谱几乎无变化。刘力强等(2001)认为,早期的声发射同样产生于雁列区的破裂,是典型的破裂机制,雁列区破坏后仍对断层的运动有阻碍作用,因此始终兼有破裂和摩擦两种机制(马胜利等,1995),导致了声发射 b 值和频谱复杂的变化特征。对于拉张雁形断层,差应力随时间的变化大致可以划分为三个阶段:在第一阶段,应力上升至峰值后明显下降;在第二阶段,首先为伴有极小应力降的低应力段,随后,应力明显上升;在第三阶段,应力随时间线性增加,其中,伴有一系列小应力降。在第一阶段,声发射频度较高,特别是在应力峰值附近；在第二阶段，声发射活动频度由低至高；在第三阶段，声发射频度较低。b 值-时间曲线大致可以划分为三个阶段 A、B 及 C。在 A 阶段，对应于时间序列中第一簇能级较大的事件，b 值起伏较大，其中，在每个大事件前，b 值先升后降的特点较为明显；在 B 阶段，b 值先保持较低水平，随着小能级事件的发生，b 值回升，一系列大事件的发生使 b 值明显下降；在 C 阶段，b 值始终较低，在较大事件发生前，b 值的变化很小。声发射频谱-时间曲线与 b 值曲线有较好的对应关系，分段性明显：在 A 阶段，频谱总体上表现为显著的下降趋势，其中，在较大事件发生前，频谱的下降极为明显；在 B、C 阶段，频谱的特征及变化与 b 值的类似，只是两者的上升或下降有时在时间上并不完全同步。他们认为，早期的声发射产生于雁列区的破裂，是典型的破裂机制，而中期的变形是一种混合型变形，兼有破裂和摩擦两种机制，后期的变形则转化为凹凸不平的滑动面上的摩擦(马胜利等，1995)。因此，b 值和频谱随时间的变化曲线表现出三个不同的阶段。

蒋海昆等(2002)在双轴压缩条件下，开展了包含挤压和拉张雁形断层的辉长岩试样(30cm×30cm×5cm)的差应力-时间曲线、声发射时空分布、宏观破裂扩展及声发射事件序列特征(还包括声发射时间序列的强度和能量特征、b 值及加载速度的影响)的研究。断层宽度为 3mm，采用水石膏充填，围压为 5MPa，轴向压缩速率为 $5×10^{-4}$mm/s。他们着重研究了两种典型雁形断层变形过程中声发射时空演变特征的共性。他们发现，预制断层对声发射时空分布格局具有较强的控制作用，随着差应力的增加，声发射首先在两个断层端点附近丛集，之后向两端点连线附近集中，出现明显的破裂局部化现象，较大事件还通常集中于某一端点附近反复发生。前期微破裂丛集图像指示后期宏观破裂的扩展方向及扩展范围。拉张和挤压雁列区的宏观破裂方向分别与轴向应力方向垂直和平行。对于挤压雁形构造，裂纹已扩展至雁列区之外，而对于拉张雁形构造，裂纹仅局限于雁列区之内。具体而言，对于挤压雁形断层，萌生的裂纹先后顺序为：雁列区边缘垂直于断层的裂纹、从下断层端部向下扩展出去的裂纹、连通两条断层端部的裂纹及从上断层端部向上扩展出去的裂纹。对于拉张雁形断层，萌生的裂纹也包括三类，其先后顺序为：雁列区边缘垂直于断层的裂纹、连通两条断层端部的裂纹和远离雁列区且垂直于断层的裂纹。他们认为，微破裂事件累积频次指数增长可能是系统失稳前的典型征兆之一。他们还发现雁列区宏观破裂之后，声发射数量逐渐减少，应变释放相对减弱。雁列区的 b 值变化在失稳前显示出“趋势性降低-快速回升”这一典型的变化过程特征，b 值降低一般发生在差应力增强过程中，而快速回升则一般发生在破裂失稳前的短时期内。他们还发现，构造差异所导致的 b 值差异远大于 b 值随差应力的增加而产生的变化量；较高的加载速率对应较高的应变能释放及明显的低 b 值。

马胜利等(2004a)的分析表明,对于挤压雁形断层,连通两条断层端部的裂纹的出现标志着雁列区的完全破裂,此时,在应力-时间曲线上有一次应力降,试样或标本的整体失稳发生在雁列区完全破裂后约150s,由断层的整体滑动引起,在应力-时间曲线上有一次很强的应力降。蒋海昆等(2002)发现,两种典型雁形断层在一些方面差异不大,例如,贯通雁列区的破裂均是张破裂,雁列区贯通时间或轴向变形相差不大,在雁列区贯通之后的黏滑阶段,差应力在持续增加,b 值的变化相对平稳,但在多方面存在差异:

(1)雁列区贯通过程中的应力降。对于挤压雁形断层,雁列区的破裂产生了 3.641MPa 的大应力降;对于拉张雁形断层,连通两条断层端部的裂纹出现标志着雁列区的完全破裂,产生了 0.672MPa 的应力降。显然,挤压雁列区的贯通能产生比拉张雁列区贯通更大的应力降,这表明挤压雁列区能积累更多的应变能。

(2)贯通雁列区的破裂面的作用。对挤压雁形断层,雁列区贯通之后一定的时间间隔之内贯通雁列区的破裂面发生闭锁和重新活动,而对于拉张雁形断层则不然。

(3)雁列区贯通时的差应力。对于挤压雁形断层,差应力为 3.45MPa,而对于拉张雁形断层,差应力仅为 1.25MPa。

(4)能量释放大小。挤压雁列区附近的声发射强度相对较高,达到 3.1,强度大于 3.0 的声发射事件有四次,而拉张雁列区最大声发射强度仅为 2.7,没有强度大于 3.0 的声发射事件发生。

(5)能量释放方式。对于挤压雁形断层,在雁列区贯通前,应变能释放持续增加,峰值差应力对应于应变释放的最高值;在雁列区贯通之前的瞬间,应变能释放已处于低值状态,显示雁列区贯通前的相对平静态势,而贯通后的黏滑阶段应变能释放随差应力的增加,则有起伏地持续增强。对于拉张雁形断层,在雁列区贯通之前,应变能释放起伏波动,在雁列区贯通之前的瞬间,应变能释放处于最高值状态;雁列区贯通前应变能释放总体高于贯通后的黏滑阶段。

(6)雁列区贯通与试样的差应力峰值之间的关系。对于挤压雁形断层,在大约740s 时,差应力达到峰值,随后,差应力从最高值开始有所下降,并基本维持不变,显示雁列区贯通前的短时期的相对平静现象,直到在 848.75s 时雁列区发生贯通。然而,对于拉张雁形断层,雁列区贯通似乎发生得较突然,难以从差应力的变化判断出何时雁列区贯通。

(7)b 值。在挤压雁列区贯通前后,b 值从约 76.3%的峰值差应力处开始持续降低,在峰值差应力前的瞬间达到最低值 1.015,在其后的弱化阶段,b 值从最低点略有回升,直至雁列区贯通,产生大应力降。在拉张雁列区贯通前后,b 值在峰值差应力之前短时期内急剧下降,从约 90.6%的峰值差应力处开始,b 值从 2.183

降至 1.071。破裂前的瞬间又快速回升至 1.98。

(8) 黏滑阶段的应力降。对于挤压雁形断层，在雁列区贯通之后的黏滑阶段，没有明显的应力降，而对于拉张雁形断层，在雁列区贯通之后，有两次较大的黏滑应力降，而此前基本上未见有声发射群体的前兆性增强过程，即大黏滑事件的前兆不明显。

马瑾等(2008)采用数字图像相关方法观测了挤压和拉张两种典型雁形断层稳定变形阶段某一时刻水平方向(向右为正)的位移场和平均应变场(压应变为正)。对于拉张雁形断层，夹在两条断层中间的雁列区位移小，两断层外侧位移大，这说明在水平方向上，两断层外侧受压，雁列区相对拉伸；对于挤压雁形断层，雁列区相对挤压。另外，拉张雁列区的平均应变较周围低，而挤压雁列区的平均应变较周围高，前者相对应变小($-2\times10^{-4}\sim6\times10^{-4}$)，后者相对应变大($-6\times10^{-4}\sim13\times10^{-4}$)。

陈俊达等(2005)采用数字图像相关方法观测了挤压雁形断层不同变形阶段的最大剪切应变场。大理岩试样尺寸为 $300\text{mm}\times300\text{mm}\times40\text{mm}$，断层用石膏充填，横向载荷为 20kN，轴向压缩速率为 0.04mm/min。在加载初期，最大剪切应变集中于断层位置；随着载荷的增加，最大剪切应变集中于断层端部和雁列区内部；雁列区贯通于峰值载荷之后，但试样尚未完全解体；随着变形的继续，当试样的载荷进一步下降时，试样发生错动，在雁列区边缘出现破裂，从而导致试样整体的破坏。在这个试验中，有关的黏滑现象不明显。

马瑾等(2008)采用红外热像仪和接触测温仪同步测量了挤压和拉张两种典型雁形断层变形过程中热红外辐射的亮度温度场和温度场的变化。花岗闪长岩试样尺寸为 $500\text{mm}\times300\text{mm}\times50\text{mm}$，断层用石膏充填，围压为 5～7MPa，轴向压缩速率为 0.5μm/s。该文献的一些发现如下所述：

(1) 拉张雁列区贯通发生在较低的应力水平上(24MPa)，雁列区贯通的温度变化表现为先降后升的凹槽特点；挤压雁列区随变形增大逐渐升温，雁列区贯通发生在较高的应力水平上(45MPa)，雁列区贯通阶段表现为阶梯式三次升温。

(2) 拉张雁列区的黏滑发生在雁列区贯通后，而挤压雁列区贯通前的变形过程较长，在低应力条件下已发生多次黏滑。

(3) 挤压雁列跨断层的温度变化过程比拉张雁列跨断层的复杂。两种典型雁形断层变形引起的温度场有以下共同点：①断层附近测点在雁列区贯通后期往往成为温度的最高点；②临近黏滑失稳雁列区内侧往往表现为温度的先降后升；③在黏滑失稳前，裂纹端点附近往往出现先升后降的升温脉冲。二者的不同点是拉张雁列区外侧区域和雁列区外延区域的温度变化过程相反，雁列区的结果和雁列区外延区域的结果类似，而挤压雁列区外侧区域和雁列区外延区域的温度变化区别较小，但均与雁列区的不同。

（4）在挤压雁列区贯通阶段，平行断层的温度变化的特点是位于断层端点附近测点在雁列区贯通之前往往出现升温脉冲，沿断层升降幅度变化大。此外，挤压雁列沿断层的各测点的温度变化在时间上不同步，变化较复杂，这些都与拉张雁列的结果不同。

总之拉张雁列区贯通阶段包括两个过程：以降温为主的过程和以升温为主的过程，前者代表雁列区开始破裂，后者代表雁列区贯通与错动为主的阶段。挤压雁列区贯通阶段表现为阶梯式升温；挤压雁列的最高温度变化范围大，可达170mK（贯通阶段130mK）；拉张雁列的小，只有50mK（贯通阶段20～30mK），而在初期的拉伸阶段甚至表现为负值；在雁列区贯通之前，挤压雁列区的温度最高，由雁列区沿断层向外温度逐渐下降，拉张雁列的结果则相反，雁列区的温度最低。

在雁列区贯通之前，拉张雁列区外侧的温度高于雁列区内侧的温度，而挤压雁列区内侧的温度高于外侧的温度；黏滑失稳错动开始，雁列区降温，断层带迅速升温，形成以断层带为中心的高温条带。

雁列区贯通对断层附近引起的温度变化小于断层错动引起的温度变化；拉张雁列平行断层的测点温度变化相当同步，而挤压雁列平行断层的测点温度变化比较复杂，沿断层测点温度变化大。

马胜利等（2008）认识到大多数雁形断层试验中选用的断层带填充物质很弱，难以观察到重复出现的断层失稳现象，断层采用高强度石膏（树脂石膏）充填，开展了两种典型雁形断层的对比试验研究，获得了含雁形断层标本的差应力-时间曲线、声发射事件的能级-时间分布图及声发射的时空分布规律等结果。花岗岩标本的尺寸为500mm×300mm×50mm，阶区尺寸为25mm×25mm，断层宽度为3mm，围压为5MPa，轴向压缩速率为0.5μm/s。该文献的主要发现如下所述：

（1）宏观破裂。拉张雁形断层在雁列区边缘形成了一条张破裂，将两条断层连接起来，这条张破裂从一条断层的端部出发，其走向大致与两条断层垂直；挤压雁形断层在雁列区边缘形成了一条连通两条断层的破裂，其从一条断层的端部出发，与两条断层基本垂直，此外，从断层端部，还向外发展出了一些破裂，这些破裂位于雁列区附近，切割试样的深度并不大，是表面裂纹，在试验后期，形成了贝壳状破裂。

（2）标本的破坏过程。对于拉张雁形断层，其变形包括应力积累、雁列区破坏、断层滑动等三个阶段。在应力积累和雁列区破坏阶段，断层外侧区域的应变持续上升，控制着断层的总体应力水平，而断层内侧是应变释放区域，其中，雁列区是应变强烈释放、微破裂丛集区域；在断层滑动阶段，伴随着周期性的黏滑，断层带内、外侧均表现为准周期性的应变释放，并对应一个能级较大的声发射或一簇声发射事件。拉张雁列区由于强度低而很容易破裂，因此对断层的滑动无明显的阻碍作用，但雁列区的变形和破裂为断层的滑动提供了条件；大多数黏滑事件前伴有发生在雁列区附近的声发射事件，表明雁列区的破裂对断层的滑动具有指示作用。对于挤压雁形断层，其变形较为复杂，大体上可分为应力积累、断层准周期黏滑、标本屈服、弱化和破坏等阶段。从应力积累直到屈服阶段，断层内侧的应变持续上升，控制着断层的总体应力水平，而断层外侧是黏滑时的应变释放区域，雁列区外由断层端部扩展出去的拉张区的微破裂活动则为断层黏滑提供了必要的变位条件，并可作为断层失稳的前兆。标本屈服阶段以雁列区的破裂为特征，其间微破裂活动频度和强度显著增强，与完整岩石的破裂过程极为相似。在弱化和破坏阶段，雁列区完全破裂，两条断层贯通，并发生滑动，断层特别是断层内侧应变大幅度释放，伴有丛集与雁列区附近的强度的微破裂活动。在此阶段之后，断层的滑动行为趋于简单。

(3) 雁列区破裂与差应力-时间曲线之间的关系。对于拉张雁形断层，在雁列区贯通过程中，在 1300～1700s，差应力随时间明显增加，但应力下降幅度明显增大且很不规则；此后，差应力随时间增加的速度明显减缓，并表现出较规则的应力下降过程；在雁列区贯通过程之前，差应力随时间线性增加，其间可见小幅的应力下降过程。对于挤压雁形断层，在雁列区贯通过程中，在 4500～5200s，差应力随时间增加速度明显减缓，应力降变化较大，此阶段位于标本的应力峰之前；此后，标本整体失稳产生了很大的应力降；在雁列区贯通之前，差应力随时间明显增加，但伴有准周期的应力下降。

尽管许多研究人员对雁形断层的变形、破坏、前兆及失稳等问题开展了较深入的研究；然而，研究主要集中在物理试验方面，由于试样数量有限及技术条件的限制，对一些问题尚有不同的认识，对于许多问题尚没有令人信服的答案。例如，哪些事件是由拉破坏引起的，而哪些事件是由剪破坏引起的？为何有些破坏不从断层端部开始扩展？哪种破坏能引起事件的频次-能量释放关系的斜率绝对值的变化？在雁列区贯通过程中，可以观察到哪些力学量发生了异常的变化？等等。因此，亟待开展系统的数值模拟研究工作。

本章针对两种典型雁形断层的两个问题开展数值模拟研究。其一为两种典型雁形断层的破坏过程、能量释放的时空分布规律、事件的频次-能量释放关系的斜率绝对值的演变规律及位移反向现象等，此部分包含 4 个方案，研究发现，可利用事件的频次-能量释放关系的斜率绝对值的不同演变规律来评价断层的不同应力状态；其二为两种典型雁形断层的剪切应变陡降的时空分布规律及统计规律等，并包括断层间距的影响，此部分包含 6 个方案，其中，4 个与上述方案相同，研究发现，在挤压雁列区贯通过程中，剪切应变陡降对岩石破坏具有灵敏的指示作用，可能比声发射更有效。

3.2　计算模型及计算方案

本章共包括 6 个计算方案(图 3.1)。方案 1～3 是针对挤压雁形断层，两条断层之间的距离有所不同。方案 4～6 是针对拉张雁形断层，两条断层之间的距离亦有所不同。在方案 2 和方案 5 中，断层间距均为 1.84×10^{-2}m，将方案 2 和方案 5 的断层间距减半即为方案 1 和方案 4 的断层间距，将方案 2 和方案 5 的断层间距增加至 1.5 倍即为方案 3 和方案 6 的断层间距。在各方案中，各断层的断层面与水平面的夹角均为 45°。左断层和右断层的长度均相同，断层间距与断层之间的重叠量相等。这样，随着断层间距的增加，断层之间的重叠量亦同时增加。Aydin和 Schultz(1990)通过对超过 120 个标本的统计发现，雁形断层的重叠量大致与断层间距成正比，这种关系在多种尺度上均成立。Wesnousky(2006)也将雁形断层的阶步的尺寸取作断层间距。方案 1、方案 3～4 和方案 6 的标本的生成是以方案 2或方案 5 的为基础的，在下文的结果分析中，也将以方案 2 和方案 5 的结果为主。除了加载条件，方案 2 和方案 5 的标本完全相同，方案 1 和方案 4 是如此，方案3 和方案 6 亦是如此。在各方案中，左断层的位置均不变，两条断层端部的连线始终在垂直方向上。当方案 2 或方案 5 的右断层垂直向上移动的距离为方案 2 中断层间距的 0.707 倍时，则成为方案 1 或方案 4 的右断层；当方案 2 或方案 5 的右断层垂直向下移动的距离为方案 2 中间距的 0.707 倍时，则成为方案 3 或方案 6中的右断层。右断层在向上或向下移动过程中，携带着各处的材料参数。在不同的方案中，在左断层各处，材料参数均不变；在断层之外的岩石各处，材料参数亦不变；在右断层相对各处，也是如此。这些特点可视为数值试样或标本的优势。在物理试验中，无法避免试样之间的差异。

试样的尺寸为 0.3m×0.3m，被剖分成尺寸相同的 9 万个正方形单元，即断层和岩石均采用正方形单元(分别称之为断层单元和岩石单元)模拟，其中，断层位置的单元数目为 1493。通过编写 FISH 函数，确定断层单元(Wang, 2005, 2007)。由于采用正方形单元模拟倾斜的断层，单元的尺寸不应过大，否则会导致锯齿形的断层面。在极端条件下，若在 45° 断层的法向上仅有 1 个单元，那么断层上的节点将被一些岩石单元和断层单元包围。这样，断层的滑动将很困难。当然，单元的尺寸也不应过小，否则，会导致较大的计算量。另外，若单元的尺寸过大，则从宏观角度上看，力学参数的非均质性不应被考虑；若单元的尺寸过小，则基于 Weibull 分布的力学参数设定也会受到争议。此时，矿物和孔隙更值得考虑，而不是在更大尺度上的一个平均效果。

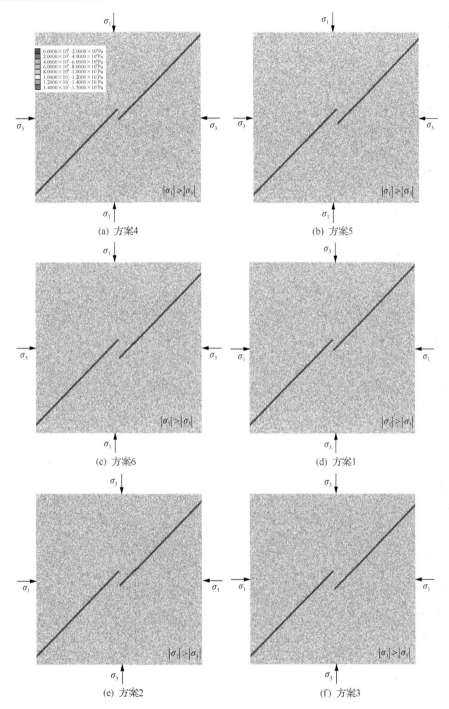

图 3.1　包含挤压(a～c)和拉张(d～f)雁形断层的标本及加载条件

单元的颜色指明了抗拉强度, 见图 3.1(a)中插图

　　3 个力学参数遵循 Weibull 分布：弹性模量[图 3.2(a)]、初始黏聚力[图 3.2(b)]和初始抗拉强度 [图 3.2(c)]，且均质度 m 取 9，即一个相对较高的值。如果 m 取值过小，则破坏单元会呈现弥散分布。例如，在拉张雁形断层中，雁列区内部的单元全部发生破坏；在挤压雁形断层中，毗邻断层端部的大量单元会发生破坏。这些现象均不与有关的试验结果吻合(蒋海昆等，2002；陈俊达等，2005；马胜利等，2008)。当 m 取得相对较高时，破坏单元的分布规律与真实裂纹的分布规律比较类似。只有这样，有关能量释放的模拟结果才更可信。应当指出，上述 3 个参数是不相关的，例如，弹性模量高的单元的初始黏聚力可能小，也可能大，这有利于提高由于单元的力学参数在空间上随着位置变化而带来的复杂性。

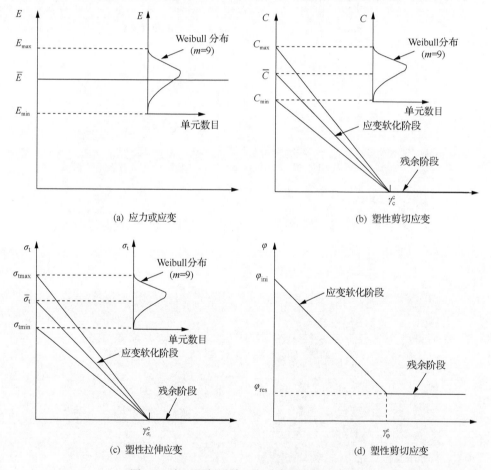

图 3.2　岩石和断层单元力学参数的变化规则

(a)单元弹性模量的不均匀分布，其不随应力或应变的增加而改变；(b) 黏聚力的不均匀分布；
(c)抗拉强度的不均匀分布；(d)同种单元的内摩擦角遵循相同的软化规则

在任一条断层的任一垂直方向剖面上，有 5 个断层单元；而在任一条断层的法向剖面上，有 2～3 个单元。目前，断层的宽度由两条平行线段(断层单元中心点落入二者之间)之间的距离决定。这样，断层的宽度为单元尺寸的 $2\sqrt{2}$ 倍，即 0.0028m。

应当指出，方案 2 和方案 5 的断层几何特性、试样尺寸及围压都与通常的试验条件一致(陈顺云等，2005；蒋海昆等，2002)。

陈顺云等(2005)报道的大理岩和石膏的泊松比分别为 0.25 和 0.2，这些数据在目前的各向同性线弹性本构模型中被使用。陈顺云等(2005)报道的上述两种材料的弹性模量分别为 55GPa 和 5.1GPa，这些数据被分别作为弹性模量的均值 $\bar{E}$。对于岩石和断层单元，初始黏聚力的均值 $\bar{c}$ 被分别取为 37.5MPa 和 5MPa；初始抗拉强度的均值 $\bar{\sigma}_t$ 被分别取为 12MPa 和 1.2MPa；初始内摩擦角 φ_{ini} 被分别取为 50°和10° [图 3.2(d)]，它们被视为均匀的；扩容角取为 0°。

对于大多数岩石材料，在低围压条件下，峰后行为呈现明显的脆性。一旦岩石和断层单元发生破坏，它们将首先经历陡峭的线性应变软化行为，随后，将进入残余变形阶段。对于上述两种单元，一旦发生破坏，残余强度将立即被达到。这意味着，对应于残余变形阶段开始的塑性剪切和拉伸应变极低。岩石单元的黏聚力和残余抗拉强度被设为零 [图 3.2(b)～(c)]，用于模拟岩石材料沿断裂面的"分离"。这样，岩石单元将不再任何承受拉应力的能力，而由于设置了非零的内摩擦角，其发生摩擦滑动是被允许的。当塑性剪切和拉伸应变超过 $\gamma_c^c = \gamma_{\sigma_t}^c = 5\times10^{-6}$ (如此小是为了反映岩石单元的脆性)时，认为岩石单元完全丧失了黏聚力和抗拉强度。对于断层单元，残余抗拉强度和黏聚力均被设为零[图 3.2(b)～(c)]。当塑性剪切和拉伸应变超过 $\gamma_c^c = \gamma_{\sigma_t}^c = 5\times10^{-7}$ (岩石单元参数的十分之一)时，认为断层单元完全丧失了黏聚力和抗拉强度。对于上述两种单元，残余内摩擦角被设为 1°，这是足够小的，用于模拟强度极低的断层泥，另外，还有助于雁列区贯通过程中在宏观力学行为(即应力-时步数目曲线)上产生明显的响应。此外，假定 $\gamma_c^c = \gamma_{\sigma_\varphi}^c$，即当内摩擦角进入残余阶段时，黏聚力也同时进入残余阶段。

数值计算在平面应变、小变形条件下进行，计算过程包括两步：

首先，将 2MPa 的压应力施加到试样上、下、左及右 4 个表面上，计算 2×10^4 个时步，使试样达到静力平衡状态。这个过程是试样在静水压力条件下逐渐平衡的过程，$\sigma_1 = \sigma_3 = -2MPa$，与通常的试验条件一致。当迭代 2×10^4 个时步之后，节点的最大不平衡力已经足够小，可以认为试样达到了静力平衡状态。

然后，对试样在一个方向上进行压缩的位移控制加载，速率 v 取为 1×10^{-9}m/时步。对于挤压雁形断层 [图 3.1(a)～(c)]，垂直方向是位移控制加载方向，而

对于拉张雁形断层［图 3.1(d)～(f)］，水平方向是位移控制加载方向。在一个方向上进行位移控制加载时，另一个方向的应力保持不变，为-2MPa。在这个阶段，共计算了 $3×10^5$ 个时步。施加速度的表面的应力是根据被施加速度的节点的弹性力求和再除以表面的面积得到的，其通常为负值，其绝对值大于 σ_3 的绝对值，应为 σ_1，而另一方向的应力应为 σ_3，有 $\sigma_1<\sigma_3$ 且 $|\sigma_1|>|\sigma_3|$。下文中给出的速度加载端的应力应为 $-\sigma_1$。

3.3　两种典型雁形断层的破坏过程和应力-时步数目曲线

在本书中若不特别声明，都是方案 2 及方案 5 的结果。图 3.3 给出了包含两种典型雁形断层的标本的位移控制加载方向（σ_1 方向）的应力-时步数目曲线及节点的最大不平衡力-时步数目曲线的数值计算结果。易于将图 3.3 中横坐标转换成 σ_1 方向上的应变 ε_1，$\varepsilon_1=v(t-2×10^4)/L$，其中，$t$ 是时步数目，L 是试样的高度或宽度，$2×10^4$ 个时步由静水压力加载阶段所消耗，将其扣除后获得的应变 ε_1 不包括静水压力引起的 σ_1 方向的应变。

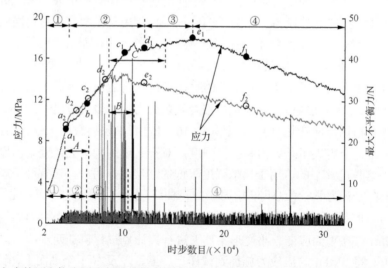

图 3.3　包含挤压和拉张雁形断层的标本的应力-时步数目曲线和最大不平衡力-时步数目曲线
①黑色和灰色曲线分别是挤压和拉张雁形断层的结果；②对于拉张雁形断层，阶段 A 覆盖断层活化阶段和雁列区贯通阶段，阶段 B 位于应力峰之前和之后；③对于挤压雁形断层，阶段 A 覆盖断层活化阶段和破坏区的向外传播阶段，阶段 C 对应于雁列区贯通阶段；④在阶段 A、B 及 C，将计算事件的频次-能量释放关系的斜率的绝对值（b_0 值）

对于两种典型雁形断层，应力-时步数目曲线均可被大致划分成 4 个阶段：断层活化阶段、破坏区扩展及雁列区贯通阶段、应力峰前的硬化阶段和应力峰后的软化阶段。在图 3.3 中，用①、②、③和④标明这 4 个阶段。黑色曲线是挤压雁形断层的结果, 而灰色曲线是拉张雁形断层的结果。图 3.4 和图 3.5 分别给出了挤压雁形断层和拉张雁形断层的破坏过程, 黑色的单元是剪切或拉伸破坏单元。

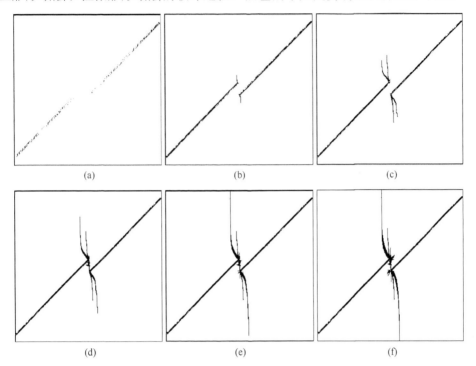

(a)　　　　　　　　　　(b)　　　　　　　　　　(c)

(d)　　　　　　　　　　(e)　　　　　　　　　　(f)

图 3.4　不同时步数目时包含挤压雁形断层的标本中的破坏单元分布

① (a) ~ (f) 时步数目分别为 4×10^4、6×10^4、1.0×10^5、1.2×10^5、1.7×10^5 及 2.2×10^5；② (a) ~ (f) 分别与图 3.3 中的点 a_1 至 f_1 相对应；③ (a) 处于断层活化阶段 (图 3.3 中的黑色①)；④ (b) ~ (c) 处于破坏区的向外传播阶段 (图 3.3 中的黑色②)；⑤ (d) ~ (f) 处于雁列区贯通之后 (图 3.3 中的黑色③和④)

对于两种典型雁形断层, 阶段① (在 a_1 点之前至稍过 a_1 点) 的应力-时步数目曲线完全相同, 应力-时步数目曲线较为光滑、平直, 斜率较高。由于断层单元的强度较低, 破坏单元都位于断层上 [图 3.4 (a) 和图 3.5 (a)]。

对于挤压雁形断层, 在破坏区扩展及雁列区贯通阶段② (在 a_1 稍后点至 d_1 点), 和过去相比, 应力-时步数目曲线变得不光滑, 斜率变低 (在 a_1 稍后点至局部应力峰之间)。在应力-时步数目曲线上 c_1 点及 d_1 点之间可观察到一个局部的应力峰。破坏区从断层的两个端部向外扩展 [图 3.4 (b) ~ (c)]。当时步达到 1.2×10^5 个时, 两条翼形破坏区已从断层的两个端部向外扩展 [图 3.4 (c)]。另外, 两条较早出现的破坏区的长度变得更长, 当时步达到 1.7×10^5 个时, 雁列区已经贯通 [图 3.4 (d)]。从断层端部向外扩展的 4 条破坏区的长度变得更长。此时, 应力已低于 c_1 点及 d_1 点之间的局部应力峰。

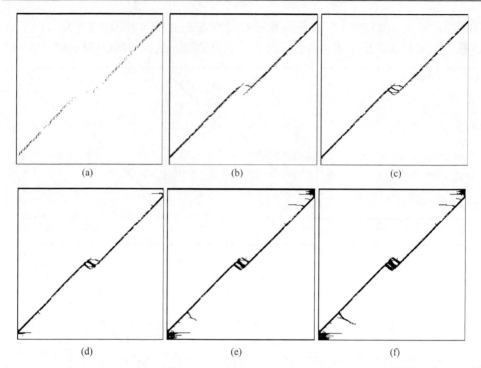

图 3.5　不同时步数目时包含拉张雁形断层的标本中的破坏单元分布

①(a) ~ (f)时步数目分别为 4×10^4、5×10^4、6×10^4、8×10^4、1.2×10^5 及 2.2×10^5；②(a) ~ (f)分别与图 3.3 中的点 a_2 至 f_2 相对应；③(a)处于断层活化阶段(图 3.3 中的灰色①)；④(b)处于雁列区贯通阶段(图 3.3 中的灰色②)；⑤(c) ~ (f)处于雁列区贯通之后(图 3.3 中的灰色③和④)

在全局应力峰之前的硬化阶段③(d_1 点至 e_1 点)，应力上升较慢，翼形破坏区的尺寸仍在不断扩展，直至达到试样的上、下端面，而另外两条破坏区的长度基本不发生变化〔图 3.4(e)〕。应当注意到，翼形破坏区刚出现不久时，尚较弯曲，之后，在垂直方向上扩展。

在全局应力峰之后的软化阶段④(e_1 点之后)，试样的应力缓慢下降，试样中破坏单元的分布〔图 3.4(f)〕与上一个阶段〔图 3.4(e)〕相比没有大的差别。

对于拉张雁形断层，在破坏区扩展及雁列区贯通阶段②(在点 a_2 稍后至 c_2 点之前)，和过去相比，应力-时步数目曲线变得不光滑，斜率变低。当时步达到 5×10^4 个时，雁列区边缘已出现破坏区〔图 3.5(b)〕。当时步达到 8×10^4 个时，雁列区内部及边缘出现的多条破坏区已将雁列区贯通〔图 3.5(c)〕。在雁列区贯通过程中，未观察到应力降。

在全局应力峰之前的硬化阶段③，应力以振荡方式上升，应力峰出现多次，破坏区的形态和过去相比只是略微粗壮〔图 3.5(d)〕。而且，在远离雁列区的断层上，发展出了一些水平的破坏区。阶段②与③之间的界限并不分明。

在全局应力峰值之后的软化阶段④，应力缓慢下降，试样中破坏单元的分布［图 3.5(f)］与上一个阶段［图 3.5(e)］相比没有大的差别，只是略微粗壮。远离雁列区的一些破坏区得到了进一步的发展。

在破坏区扩展及雁列区贯通阶段②，和挤压雁形断层相比，拉张雁形断层持续的时步数目较少，即破坏区扩展及雁列区贯通较为迅速。

在挤压雁列区贯通阶段，可观察到一个局部应力峰，期间，节点的最大不平衡力发生突增，其值超过了 40N。然而，在拉张雁列区贯通阶段，未能观察到应力的明显下降，但期间，仍观察到了节点的最大不平衡力的突增现象，其值大约为 15N，发生在阶段②的晚期，最大不平衡力的背景值只有大约 3N。

对于拉张雁形断层，节点最大不平衡力持续不断的突增发生在阶段③的中后期，其最大值亦达到 40N，期间，应力不断波动，致使产生了多个应力峰，最高的应力达到 4×10^7Pa，比雁列区贯通时的应力(小于 1.2×10^7Pa)高一些。然而，对于挤压雁形断层，最高的应力可达到 1.8×10^7Pa，略高于雁列区贯通时的应力(1.75×10^7Pa)。

综上所述，和挤压雁形断层相比，拉张雁形断层的最大承载力较小，在峰后相同的时步数目或轴向应变时，其承载能力也较低；雁列区贯通较容易；雁列区贯通引起的节点最大不平衡力亦较低。

对于挤压雁形断层，在雁列区贯通之后，也能零星地观察到一些最大不平衡力的突增现象，但最大不平衡力通常处于背景值 3N 之内；对于拉张雁形断层，在雁列区贯通之后，最大不平衡力发生密集突增，在应力峰之后，基本上未能观察到最大不平衡力的突增现象，最大不平衡力也处于背景值之内。上述现象表明，在拉张雁列区贯通之后，一系列大事件仍可能发生，此后，回归平静；在挤压雁列区贯通之后，尽管不时地会有一些大事件出现，但总体上回归平静。

3.4　两种典型雁形断层的破坏模式及讨论

图 3.6 给出了当时步为 2.2×10^5 个时包含挤压雁形断层和拉张雁形断层的试样变形网格图，节点位移的放大倍数为 20。由此可以发现，含挤压雁形断层的试样在垂直方向上变短，而在水平方向上变长，且试样内部的变形不均匀；含拉张雁形断层的试样在水平方向上变短，而在垂直方向上变长，且试样内部的变形较均匀。当拉张雁列区贯通之后，断层的错动比较容易，几乎不受阻碍，断层之外岩块储存的应变能较少，且分布较均匀。从这一角度讲，拉张雁列区贯通之后的两条断层像一条平直断层一样，而岩块像刚体一样。

然而，对于挤压雁形断层，情形则有所不同。由断层端部向外扩展出的几条破坏区为断层的错动提供了让位条件，只有这些破坏区向外扩展到一定程度后，雁列区才会贯通。在雁列区贯通过程中，积累的一部分应变能将被快速释放，从而引起一些大事件。挤压雁形区贯通过程中应力降及节点的最大不平衡力的突增就说明了这一点。

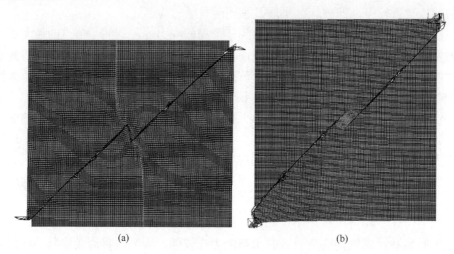

(a)　　　　　　　　　　　　　　　　　　　　(b)

图 3.6　包含挤压(a)和拉张(b)雁形断层的标本在变形后期的变形后网格图

在挤压雁列区贯通之前及之后，断层的错动均受到阻碍，应变能不断被积累和释放，断层之外的岩块是名副其实的变形体。在应力峰值后，在相同的时步数目时，包含挤压雁形断层的试样的承载能力高于包含拉张雁形断层的，也说明了挤压雁形断层的错动难于拉张雁形断层的。

图 3.7(a)～(c)给出了通过室内试验和野外观察(Ewy and Cook，1990；Segall and Pollard，1980；Shen et al.，1995；陈俊达等，2005；蒋海昆等，2002)得到的挤压雁形断层的破坏模式。裂纹采用点线来描述。裂纹可分成两种：向雁列区之外扩展的裂纹和连通两条断层的裂纹。这些结果与图 3.4 的数值结果较为类似。图 3.4 中起源于断层端部且在垂直方向扩展的破坏区的形态与 Ewy 和 Cook(1990)提出的简化模型中起源于滑动界面的劈裂纹具有一定的类似性，见图 3.7(d)。在许多试验中，均可观察到起源于预先存在断裂端部的翼形裂纹 (Horii and Nemat-Nasser，1985；Shen et al.，1995；Dyskin et al.，1999；Saimoto et al.，2003)。利用一种位移不连续方法，Shen 等(1995)发现，刚性接触条件(法向断裂刚度和剪切断裂刚度均较高)下会产生平直的裂纹 [图 3.7(e)]，这与目前的两条垂直破坏区相类似，而对于非接触条件(法向断裂刚度和剪切断裂刚度均为零)，会产生弯曲的裂纹 [图 3.7(e)]，这与目前的另外两条破坏区相类似。

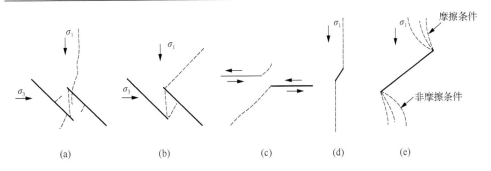

图 3.7　在实验室或野外观察到的由断层端部向外或向内扩展的裂纹(a)~(c)和一些平直和翼型裂纹(d)~(e)

(a)蒋海昆等(2002)；(b)陈顺云等(2005)；(c)Segall 和 Pollard(1980)；(d)Ewy 和 Cook(1990)；
(e)Shen 等(1995)

　　和挤压雁形断层相比，拉张雁形断层的破坏模式较为简单：破坏单元主要局限于雁列区内部［图 3.5 和图 3.6(b)］。目前的这些数值结果与有关的理论结果(Segall and Pollard，1980；Zachariasen and Sieh，1995)、试验结果(蒋海昆等，2002；陈俊达等，2005；马胜利等，2008)和野外观察结果(Tchalenko and Ambraseys，1970；Sibson，1985)(图 3.8)都相吻合。由图 3.5(b) 还可以发现一个独特的现象：破坏区域不是从断层的端部启动，而是从断层的某一位置，这一位置大致位于雁列区边缘，破坏区扩展也大致沿着雁列区边缘。在下文中，将对这种现象出现的原因进行解释。

　　由图 3.4 可以发现，对于挤压雁形断层，当两条垂直破坏区的长度达到一定时，其扩展停滞。当翼形破坏区出现之后，翼形破坏区不断扩展。这种现象的出现可能是由于断层单元在破坏之后其内摩擦角的变化所致。当断层单元刚破坏时，其内摩擦角较高；当断层单元的状态进入残余变形阶段后，其内摩擦角较低。根据 Shen 等(1995)的研究，可以认为，对于前者，断层就像有摩擦的裂纹一样，从而产生了平直的破坏区；而对于后者，断层就像光滑的裂纹一样，从而产生了弯曲的破坏区。

　　对于拉张雁形断层，马瑾等(2008)的试验研究发现，雁列区的温度和雁列区外延的温度变化过程类似。根据图 3.6(b)可对上述试验结果的正确性进行解释。雁列区贯通后，试样可被划分为 3 部分：左上部分岩块、右下部分岩块和几乎不起作用的雁列区。由于雁列区和雁列区外延处于同一岩块之中，所以，其上测点的温度演变规律会表现出类似性。

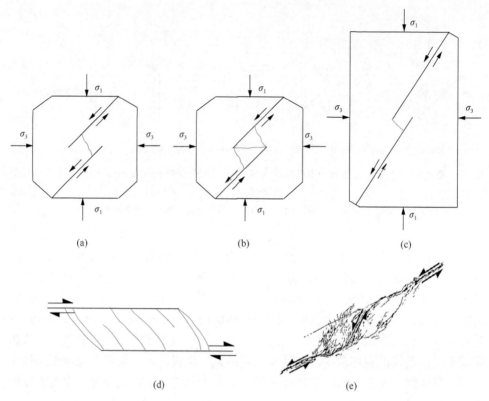

图 3.8　在实验室观察到的拉张雁列区附近的裂纹(a) ~ (c)、基于弹性位错模型的拉张雁列区内部发展出的裂纹的示意图(d)和 1968 年爱尔兰 Dasht-eBayaz 地震引起的地表破裂的素描图(e)
(a)陈顺云等(2005)；(b)蒋海昆等(2002)；(c)马胜利等(2008)；(d)Zachariasen 和 Sieh(1995)；(e)Tchalenko 和
Ambraseys(1970)

　　对于挤压雁形断层，马瑾等(2008)的试验研究发现，雁列区的温度与雁列区外延的温度变化过程不同。由图 3.6(a)可以发现，启动于断层端部的破坏区将雁列区和雁列区外延割裂，测点不再位于同一岩块之中。自然，测点的温度演变规律可能表现出不同。

3.5　两种雁列区的贯通过程

3.5.1　挤压雁形断层的结果

　　图 3.9 给出了挤压雁列区的详细贯通过程，其中，黑色单元表示发生了剪切或拉伸破坏的单元。图 3.9(a) ~ (b)是位于局部应力峰之前的结果，图 3.9(c)是位于局部应力峰之时的结果，图 3.9(d)是位于局部应力峰之后应变软化阶段的结果。

图 3.10 给出了挤压雁列区贯通过程中 5 种量随时步数目的演变规律，其中 $a \sim d$ 点分别与图 3.9(a)～(d)相对应。

由图 3.9(a)可以发现，由每条断层的端部向外扩展的破坏区有两条，其中一条位于垂直方向上，而另一条较为弯曲，是翼形破坏区。在这条翼形破坏区刚出现不久，翼形破坏区的传播方向大致与断层相垂直；随后，其传播方向发生了变化，转变成与另一条破坏区相平行。此时，两条破坏区的前端至试样上、下端面的距离基本相同，雁列区尚未贯通，节点的最大不平衡力处于较低的水平上(图 3.10 中 a 点)。

由图 3.9(b)可以发现，雁列区已经贯通，翼形破坏区的前端已超越另一条破坏区的前端。由图 3.10 可以发现，在大约$(10.745 \sim 10.84) \times 10^4$ 个时步时，节点的最大不平衡力开始迅猛增加，在此过程中，雁列区发生贯通。

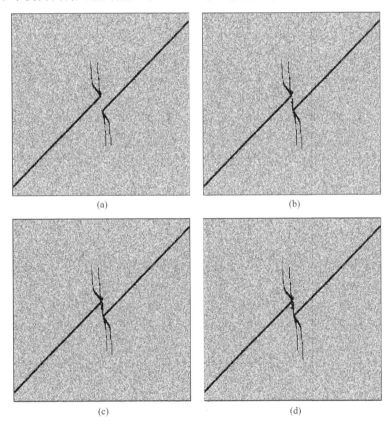

(a)　　　　　　　　　　(b)

(c)　　　　　　　　　　(d)

图 3.9　挤压雁列区的贯通过程

(a)～(d)时步数目分别为 1.06×10^5、1.08×10^5、1.09×10^5 和 1.12×10^5

由图 3.9(c)～(d)可以发现，翼形破坏区的前端进一步得到发展，而另一条破坏区的长度几乎不变。由图 3.10 可以发现，在局部应力峰之后，在总体上，节点的最大不平衡力逐渐衰减；雁列区的贯通发生在局部应力峰之前。

图 3.10 还给出了包含挤压雁形断层的试样中 3 种破坏单元数目随时步数目的演变规律。由此可以发现，在节点的最大不平衡力突增(发生在大约 10.745×10^4 个时步时)之前，3 种破坏单元数目的增加较为平缓。相比之下，剪切破坏单元数目的增加最为平缓，这说明剪切破坏单元数目基本不增加，破坏单元数目的增加主要是由拉破坏单元数目的增加引起的。随后，在最大不平衡力突增的过程中，3 种破坏单元数目迅速增加，相比之下，拉破坏单元数目的增加更快。应当指出，上述现象均发生在局部应力峰之前。在局部应力峰之后，剪切破坏单元数目基本不增加，而拉破坏单元数目和破坏单元数目仍继续增加。图 3.11 给出了当时步数目为 22×10^4 时剪切和拉伸破坏单元的分布规律，其中，深色的单元表示破坏单元。由此可以发现，发生剪切破坏的单元位于断层上和两条断层端部的连线上，而发生拉破坏的单元位于断层上、两条断层端部的连线上和雁列区外部。也就是说，位于两条断层端部连线上的单元既发生拉破坏，也发生剪破坏；在从断层端部向外扩展的破坏区上，只发生拉破坏。由于雁列区内部的单元既发生拉破坏，也发生剪破坏，所以，在雁列区贯通过程中，3 种破坏单元数目均会增加。在雁列区贯通之后，没有新的剪破坏单元出现，雁列区之外翼形破坏区的不断扩展引起了拉破坏单元数目和破坏单元数目的不断增加。应当指出，目前的数值结果与 Segall 和 Pollard(1980)的结果有所不同。他们的结果表明，贯通雁列区的裂纹只是剪切裂纹。

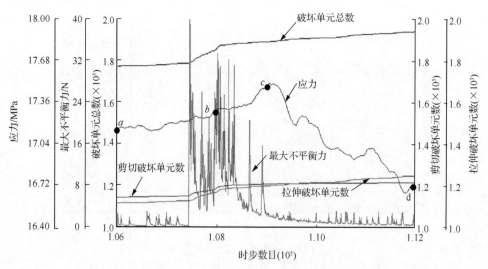

图 3.10　挤压雁列区贯通过程中应力、最大不平衡力和 3 种破坏单元数目随时步数目的演变规律

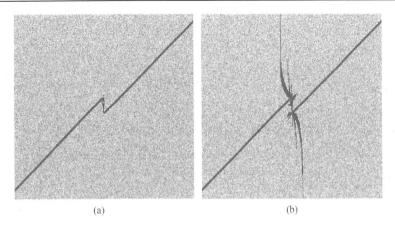

图 3.11　包含挤压雁形断层的标本中的剪切(a)和拉伸(b)破坏单元分布

3.5.2　拉张雁形断层的结果

图 3.12 给出了拉张雁列区的详细贯通过程，其中，黑色单元代表发生了剪切或拉伸破坏的单元。

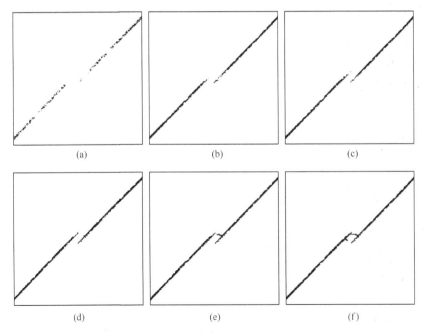

图 3.12　不同时步数目时包含拉张雁形断层的标本中破坏单元分布

(a)~(f)时步数目分别为 4.1×10^4、4.6×10^4、4.8×10^4、4.9×10^4、5.0×10^4 及 5.1×10^4

　　由图 3.12 可以发现，随着时步数目的增加，破坏单元由远离雁列区的断层上逐渐向雁列区迁移，直至雁列区贯通。

　　在 4.8×10^4 个时步之前［图 3.12(a)～(c)］，雁列区内尚未出现破坏单元。在时步达到 4.9×10^4 个时［图 3.12(d)］，在右断层某一位置(过左断层端部且垂直于两条断层的直线与右断层的交点处)扩展出了破坏区。在时步达到 5.0×10^4 个时［图 3.12(e)］，扩展出的破坏区已接近左断层端部。在时步达到 5.1×10^4 个时［图 3.12(f)］，雁列区已被上述破坏区贯通，与此同时，在左断层某一位置(过右断层端部且垂直于两条断层的直线与左断层的交点处)也扩展出了破坏区。随后，这条破坏区也将贯通雁列区。

　　上述破坏区不启动于断层端部，而启动于断层某一位置的现象似乎有些反常。显然，对于标本中仅有一条断层的情形而言，这种现象不应出现。在实验室及野外，也能观察到上述反常现象(图 3.13)。在图 3.13(a)中，拉张雁列区内部的裂纹不启动于两条断层的任一端；在图 3.13(b)中，大量声发射事件集中于下方断层的某一位置，预示着这一位置的开裂；在图 3.13(c)中，两条断层之间的新断裂启动于下方断层的某一位置。据此推测，上述反常现象的出现应与两条断层之间的相互影响和作用有关。

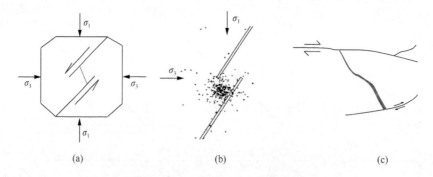

图 3.13　实验室及野外发现的反常裂纹启裂位置
(a) 陈顺云等(2005)；(b) 马胜利等(2008)；(c) Sibson(1985)

　　为了揭示上述反常现象的原因，我们给出了一条反常裂纹启动前后拉张雁列区附近的速度场(图 3.14)。在水平方向压缩条件下，右断层下盘的岩石主动地向左运动，而上盘岩石被动地斜向上(或垂直于右断层方向)运动。随着时步数目的增加，向上运动的岩石尺寸越来越大，其前锋越来越向拉张雁列区逼近。由于拉张雁列区之内的应力是以拉应力为主，当其前锋抵达拉张雁列区的边缘时，过高的拉应力使前锋处的岩石单元发生拉破坏，进而诱发出垂直于右断层方向的拉裂纹。

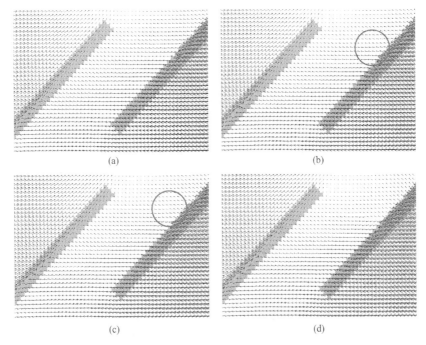

图 3.14　反常裂纹启裂前后拉张雁列区附近的速度场

①(a) ~ (d)时步数目分别为 4.8×10^4、4.85×10^4、4.9×10^4 和 4.95×10^4；②圆圈位置表示斜向上运动的岩石的前锋

3.6　两种雁列区贯通过程中的能量释放

3.6.1　挤压雁形断层的结果

图 3.15 给出了挤压雁列区贯通过程中能量释放的时空分布规律，其中，发生不同破坏单元释放的弹性应变能用不同粗细的圆圈表示，细线圆圈代表剪切破坏释放的弹性应变能，粗线圆圈代表拉伸破坏释放的弹性应变能，圆圈越大代表释放的弹性应变能越大。圆圈中心代表释放弹性应变能的破坏单元的中心。应当指出，各破坏单元释放的弹性应变能是从 10×10^4 个时步时开始计算的，例如，以图 3.15(a)为例，某个破坏单元释放的弹性应变能是 $10 \times 10^4 \sim 10.6 \times 10^4$ 个时步该破坏单元释放的弹性应变能的总量；以图 3.15(b)为例，某个破坏单元释放的弹性应变能是 $10 \times 10^4 \sim 10.8 \times 10^4$ 个时步该破坏单元释放的弹性应变能的总量，而不是 $10.6 \times 10^4 \sim 10.8 \times 10^4$ 个时步的结果，依此类推。也就是说，到某一个时步时，释放的弹性应变能是从 10×10^4 个时步开始的总量。由图 3.15 可以发现，同一位置的破坏单元释放的弹性应变能越来越大，或者从无到有。图 3.16 给出了图 3.15

中雁列区附近的结果的局部放大图。由此可以发现，在断层上，释放的弹性应变能最大，不管是在雁列区贯通之前［图 3.15(a) 和图 3.16(a)］，还是在雁列区贯通之后［图 3.15(b)～(d) 和图 3.16(b)～(d)］；剪破坏单元释放的弹性应变能远大于拉破坏单元释放的弹性应变能；断层上释放的弹性应变能基本上都是剪切破坏单元释放的；在断层的端部，拉破坏单元释放的弹性应变能较高；在雁列区之外，释放的弹性应变能是拉破坏单元释放的；在雁列区内部，释放的弹性应变能是剪切破坏单元和拉伸破坏单元共同释放的。另外，还需指出，同样是从断层端

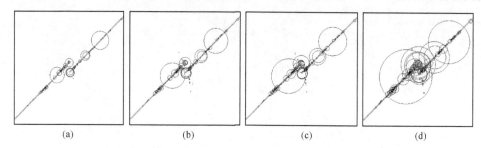

(a)　　　　　　(b)　　　　　　(c)　　　　　　(d)

图 3.15　挤压雁列区贯通过程中能量释放的时空分布规律

(a)～(d) 时步数目分别为 1.06×10^5、1.08×10^5、1.09×10^5 及 1.12×10^5

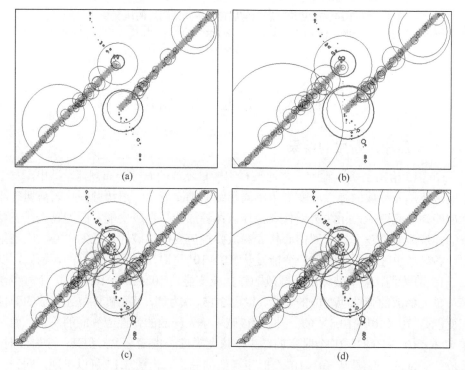

(a)　　　　　　　　　　(b)

(c)　　　　　　　　　　(d)

图 3.16　图 3.15 中各子图的局部放大图

部发展出的拉伸破坏区，翼形破坏区比垂直方向破坏区释放了较多的弹性应变能。综上所述，无论雁列区发生贯通与否，雁列区释放的弹性应变能远小于断层上释放的弹性应变能，这意味着大事件发生在断层上。

图 3.17(a)～(b)分别给出了挤压雁列区贯通过程中两种能量释放率随时步数目的演变规律，其中，为了进行对比分析，也同时给出了两种能量释放总量、应

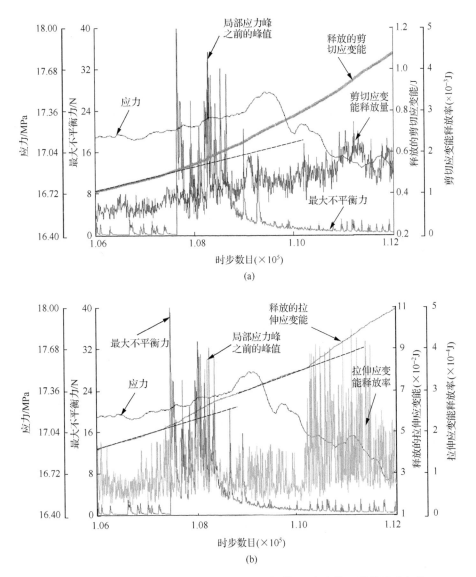

图 3.17　挤压雁列区贯通过程中剪切(a)和拉伸(b)应变能释放的演变规律

力及最大不平衡力随时步数目的演变规律。为了表述方便，剪切和拉伸破坏单元释放的弹性应变分别称之为剪切应变能和拉伸应变能。应当指出，这里所谓的能量释放率是指 10 个时步之内释放的弹性应变能，其单位仍为 J。

由图 3.17(a) 可以发现，在最大不平衡力突增之前，释放的剪切应变能总量随着时步数目的增加呈线性增加规律，剪切应变能释放率以波动方式上升，波动的幅度不大。在最大不平衡力突增过程中，雁列区贯通，剪切应变能释放率出现了一个高值，释放的剪切应变能总量也快速增加。实际上，在最大不平衡力突增开始之时，释放的剪切应变能总量-时步数目曲线即发生了明显的转折，开始偏离此前的线性规律，具有明显的上凹特征。此后，最大不平衡力不断衰减，剪切应变能释放率仍以波动方式上升。应当指出，在局部应力峰值之前，可观察到释放的剪切应变能总量的快速增加现象和剪切应变能释放率的剧烈波动现象。

由图 3.17(b) 可以发现，在最大不平衡力突增之前，释放的拉伸应变能总量随着时步数目的增加呈线性增加规律，拉伸应变能释放率处于波动之中，上升趋势不明显。在最大不平衡力突增过程中，拉伸应变能释放率剧烈增加，可观察到一个显著的高峰，释放的拉伸应变能总量-时步数目曲线在最大不平衡力突增开始之时发生转折，此为第 1 次转折。此后，在局部应力峰稍前及稍后，在最大不平衡力逐渐衰减过程中，拉伸应变能释放率处于波动之中，上升趋势不明显，回归平静，此时，释放的拉伸应变能总量随着时步数目的增加呈线性增加规律，此线性规律与此前的线性规律的斜率相差不大。此后，在 1.10×10^5 个时步之后，拉伸应变能释放率再次剧烈波动，同时释放的拉伸应变能总量-时步数目曲线发生了第 2 次转折。综上所述，拉伸应变能释放率在两个阶段表现为剧烈波动，即拉伸应变能剧烈释放，前一个阶段对应于雁列区贯通。在此阶段，上文已指出，拉伸破坏的单元数目增加较快，这应该来源于 3 方面：首先，雁列区之外破坏区的扩展；其次，雁列区的贯通；最后，断层端部的破坏。这 3 方面的共同作用引起了此阶段拉伸应变能的剧烈释放。相比之下，后两者引起的弹性应变能释放量应更高一些。在后一个阶段，雁列区已经贯通，雁列区之外的翼形破坏区的不断扩展将释放一定的拉伸应变能，同时，断层端部、雁列区内部也将释放一定的拉伸应变能。

3.6.2　拉张雁形断层的结果

在图 3.18 的左、右两列子图中，分别给出了包含拉张雁形断层的标本内部及雁列区附近两种能量释放的时空分布规律。细线、粗线圆圈的半径分别代表破坏单元释放的剪切和拉伸应变能的大小。圆圈的半径越大，代表能量释放越高。雁列区贯通的时步数目不到 5.1×10^4。将 $4.8 \times 10^4 \sim 5.3 \times 10^4$ 个时步划分为 5 个时段，

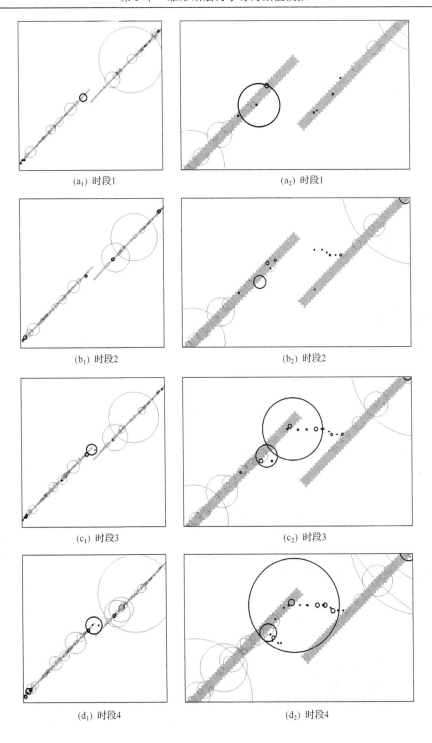

(a₁) 时段1　　　　　　　　　　　　(a₂) 时段1

(b₁) 时段2　　　　　　　　　　　　(b₂) 时段2

(c₁) 时段3　　　　　　　　　　　　(c₂) 时段3

(d₁) 时段4　　　　　　　　　　　　(d₂) 时段4

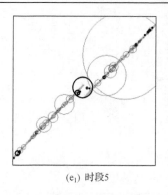 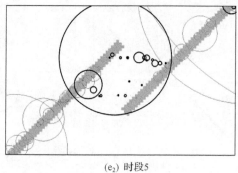

(e₁) 时段5　　　　　　　　　　　　　　　　(e₂) 时段5

图 3.18　不同时段包含拉张雁形断层的标本中能量释放的分布

每个时段持续 1000 个时步，因此，雁列区贯通发生在第 3 个时段。应当指出，图 3.18 中的能量释放是每个时段之内的能量释放，也就是说，是增量而非全量。

由图 3.18 可以发现，无论在雁列区贯通之前，还是在之后，断层上释放的剪切应变能远高于释放的拉伸应变能。前者位于断层上，而后者主要位于雁列区内部和标本的左下角、右上角。在第 1 个时段，见图 3.18(a₁)～(a₂)，在左断层附近且雁列区边缘位置，有一个拉破坏单元释放了较高的能量。在第 2 个时段，见图 3.18(b₁)～(b₂)，在上述位置，这个单元仍释放了较高的能量。此外，在右断层附近，出现了一系列拉破坏单元，它们释放了较高的能量，离右断层的距离越远，释放的能量越小，目前这些破坏单元构成的破坏区的前锋尚未与左断层相遇，因此，雁列区尚未贯通。在第 3 个时段，见图 3.18(c₁)～(c₂)，上述前锋已抵达左断层，这标志着雁列区贯通，在左断层附近有一个拉破坏单元释放了较高的能量，雁列区内部的一些发生拉破坏的单元仍在释放能量。在随后的第 4～5 个时段，分别见图 3.18(d₁)～(d₂)及(e₁)～(e₂)，许多发生拉破坏的单元继续释放能量。

由图 3.18 还可以发现，在雁列区贯通之前，左断层上释放的剪切应变能并不高，而当雁列区贯通之后，其有所增加，这反映了雁列区贯通后断层发生快速错动。

在拉张雁列区附近的断层上，并没有太高的剪切应变能被释放出来，这与挤压雁列区的结果差别很大(图 3.15 及图 3.16)。这应该是由于拉破坏区可将一条断层分割开，雁列区附近的断层与断层之外的一部分岩块成为一体，一起运动，因而没有沿这部分断层的错动(即没有相对运动)，所以不会有高的剪切应变能被释放出来。

图 3.19 给出了拉张雁列区贯通过程中两种能量释放率随时步数目的演变规律，雁列区贯通的时步数目为 5.03×10^4，在图 3.19 中以虚直线标出。由此可以发现：

(1)两种应变能释放率的演变既有共性又有差异。共性主要体现在：在雁列区贯通之前，它们在低水平上以较小的幅度波动；在雁列区贯通之后，它们在较高水平上以较大的幅度波动，差异主要体现在：从拉伸应变能释放率-时步数目曲线上能发现雁列区贯通前后的转折点，这应该与雁列区发生拉破坏有关，但从剪切应变能释放率-时步数目曲线上并不能发现上述转折点。另外，在临近雁列区贯通之时，剪切应变能释放现象比较活跃，这应该与雁列区内拉破坏区的扩展有关，造成了断层一定程度的错动。当时步数目为 $5×10^4$ 时，雁列区尚未贯通，但内部已经出现了拉破坏区［图 3.12(e)］，因此，能造成断层一定程度的错动，导致了剧烈的剪切应变能释放。

(2)剪切应变能释放率远高于拉伸应变能释放率。应当指出，应变能释放率是指每 10 个时步之内应变能的降低量。因此，单位仍为焦耳(J)。剪切应变能释放率的峰值为 $3.1×10^{-4}$J，而拉伸应变能释放率的峰值为 $5.7×10^{-5}$J。

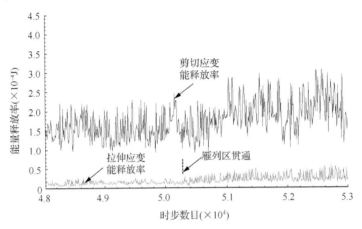

图 3.19　拉张雁列区贯通过程中两种能量的释放率
虚线代表雁列区贯通(破坏区将两条雁形断层连通)

3.7　雁列区贯通过程中的位移反向现象

3.7.1　监测节点位移演变的计算结果及分析

1. 监测节点的布置

为了给出标本中特定位置位移的演变规律，需要布置一些监测节点。FLAC-3D 提供了监测节点位移的功能，可以获得节点位移随时步数目的演变规律。监测节点布置在左断层内侧的一条线段上，该线段与左断层平行，见图 3.20。监测节点等间距排列，它们之间的距离等于单元尺寸的 $2\sqrt{2}$ 倍。监测节点都布置在岩石单元上。这条监测线段上共有 30 个监测节点，编号为 123～152。严格地讲，只有节点 129～152 位于左断层内侧，而节点 123～128 位于左断层端部前方。离左断层端部最远的是节点 123，它离左断层前端的距离大约等于断层间距。监测节点的编号不是从 1 开始，这是由于在研究中，对两条断层内、外侧且平行断层的共计 4 条线段上的节点位移都进行了监测。但是，限于篇幅，仅给出了位于左断层内侧的监测线段上部分节点的水平位移结果。

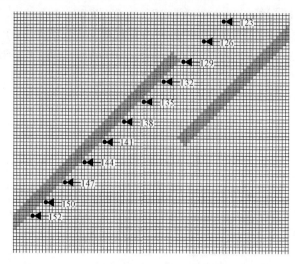

图 3.20　部分监测节点布置

图 3.21(a)分别给出了两种雁形断层中部分监测节点水平位移的演变规律。同时，也给出了标本位移控制加载端的平均应力的演变规律，用黑色曲线表示。实际上，平均应力应为负值。在 FLAC-3D 中，负应力代表压应力。在图 3.21(a)中，已对平均应力取了绝对值。

箭头代表雁列区贯通，雁列区贯通是指雁列区内部发展出的新破坏区将两条断层连通。为了清晰地显示一些监测节点水平位移的演变规律，在图 3.21(b)中，仅给出了少量监测节点的结果。

2. 挤压雁形断层的结果

从总体上看，包含挤压雁形断层的标本中监测节点水平位移的演变规律可以划分为 3 个阶段(图 3.21)。

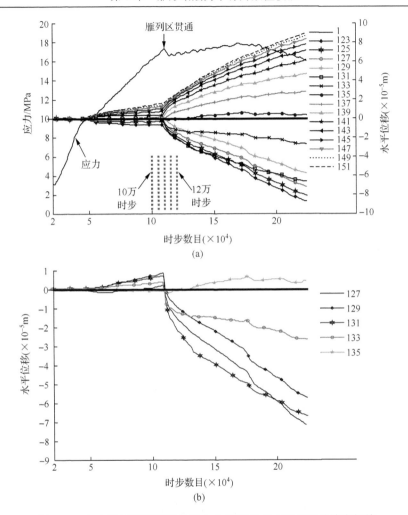

图 3.21　包含挤压雁形断层的标本中监测节点水平位移的演变规律

　　阶段 1 位于 $2\times10^4\sim5\times10^4$ 个时步之间，在这一阶段，节点的水平位移很小，接近于零。这表明断层尚未活化，就像标本中没有断层一样。在这一阶段，断层上仅有少量的强度低的单元发生了破坏。阶段 2 位于 $5\times10^4\sim11\times10^4$ 个时步之间，各监测节点的水平位移基本上呈非线性规律增加，这表明岩石沿断层的错动逐渐变得明显。在这一阶段，从断层端部向外扩展出了破坏区，而且雁列区内部也开始出现破坏区，直至雁列区贯通。

　　阶段 3 位于 $11\times10^4\sim22\times10^4$ 个时步之间，各监测节点的水平位移基本上也呈线性规律增加，但增加的幅度比第 2 阶段的大。在这一阶段，起源于断层端部的破坏区继续在雁列区之外扩展，为断层的不断错动提供了让位的条件，因而各监测节点水平位移变化快于第 2 阶段的。

在第 2~3 阶段之间，即在雁列区贯通前后，许多监测节点的水平位移都发生了突然的变化，甚至一些监测节点的水平位移还出现了反向现象［图 3.21(b)］，例如，节点 127、129、131、132 及 135。它们的位移由正值变为负值，正值代表水平位移向右。需要指出的是，上述发生位移反向的监测节点都位于雁列区内部。当雁列区贯通之后，随着监测节点编号的增加，在时步数目相同时，位移的值先变小，然后变大。

3. 拉张雁形断层的结果

从总体上看，包含挤压雁形断层的标本中监测节点水平位移的演变规律可以划分为 2 个阶段(图 3.22)。

阶段 1 位于 2×10^4~5×10^4 个时步之间。在这一阶段，水平位移基本上为负值，变化不大。这一现象应该和左断层外侧的岩块向右驱动，而右断层外侧的岩块向左驱动，从而对左断层内侧的监测节点的水平位移影响小有关。之所以水平位移为负值(即使在刚进行位移控制加载时)，与标本在静水压力条件下的变形有关。与挤压雁形断层第 1 阶段的结果相类似，在这一阶段，断层尚未活化，所以位移随着时步数目的增加变化不大。

阶段 2 位于 5×10^4~22×10^4 个时步之间。在这一阶段，各监测节点的水平位移均呈线性规律增加。在此阶段，雁列区已经贯通。断层之外的岩石沿断层的错动几乎不受雁列区的阻碍，只受断层上一些强度较高单元的控制。这一点与挤压雁形断层不同，即使挤压雁列区已贯通，沿断层的错动也受雁列区一定程度的制约。

在第 1~2 阶段之间，几乎所有监测节点的位移都发生了突然的变化。一些监测节点的位移也出现了反向现象［图 3.22(b)］，例如，节点 127、129、131 及 133。它们的位移由负值变为正值。节点 133 的位移变为正值不久，又变回负值。类似的现象在图 3.21(b)中也可以发现。节点 135 的位移由正值变为负值后不久，又变回正值。

由图 3.22(a)可以发现一个与图 3.21(a)显著不同的特点。对于拉张雁形断层，监测节点水平位移-时步数目曲线被分成两簇，一簇水平位移为正，而另一簇水平位移为负。这表明一部分节点向右运动，而另一部分节点向左运动。在这两簇曲线之间，仅有 3 个监测节点的结果。它们是节点 131、133 及 135。这些节点恰好位于雁列区内部，其结果在两簇结果之间起到过渡的作用。

上述结果分成两簇的现象深刻地揭示了断层之外块体的运动规律。左断层下方(内侧)的岩块，连同右断层下方(外侧)的岩块向左驱动，而左断层上方(外侧)

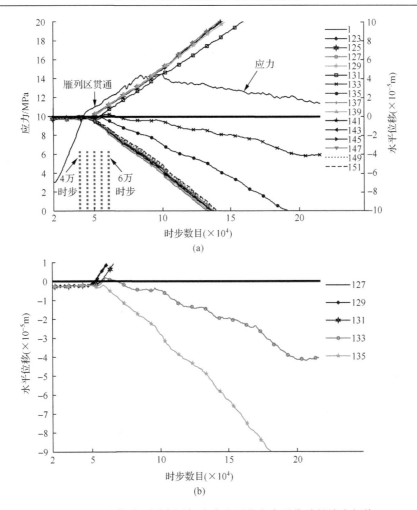

图 3.22　包含拉张雁形断层标本中监测节点水平位移的演变规律

的岩块，连同右断层上方（内侧）的岩块向右驱动。这样，严格位于左断层下方的监测节点向左运动，而位于左断层前方的监测节点向右运动。当拉张雁列区贯通之后，标本被分割成两大块。这两大块的变形很小，其沿断层的错动就像刚体的运动一样。因此，许多监测节点具有几乎相同的位移演变规律。拉张雁形断层中岩块沿断层错动的阻力小于挤压雁形断层的，因此，在时步数目相同时，可以达到较高的水平位移值。

　　重新回到图 3.21(a)，对于挤压雁形断层，在雁列区贯通之后，不同监测节点的水平位移相差较大，具有一定的位移梯度，这是标本中各处具有一定的应变的表现。远离雁列区的节点之间的水平位移相差小（即曲线比较密），说明应变低，而雁列区及附近的节点的水平位移相差大，说明应变高。

3.7.2 位移反向区的分布及演变规律

通过考察若干个监测节点位移的演变规律，仅能了解标本内特定位置的位移演变及反向规律，缺乏全面的把握。因此，有必要获得标本全场内的位移反向区。在此，重点关注雁列区贯通前后位移反向区。对于挤压和拉张雁列构造，分别以 10×10^4 和 4×10^4 个时步时各节点位移的符号作为基准，一旦发现在随后的变形过程中它们的位移变号，则将这些节点的位置显示出来。图 3.23 给出了包含挤压雁形断层标本内部的水平及垂直位移反向区的分布及演变规律。图 3.24 给出了包含拉张雁形断层标本内部的水平及垂直位移反向区的分布及演变规律，位移反向区用深色区域表示。

1. 挤压雁形断层的结果

由图 3.23 给出的结果可以发现：

（1）位移反向区主要分布于雁列区内部及附近的断层上，位移反向现象基本不出现在断层的其他位置。

（2）在雁列区内部，几乎所有节点都发生了水平位移反向；仅位于两条断层端部连线上的节点出现垂直位移反向。

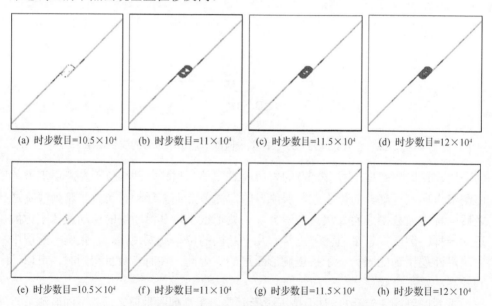

(a) 时步数目=10.5×10⁴　　(b) 时步数目=11×10⁴　　(c) 时步数目=11.5×10⁴　　(d) 时步数目=12×10⁴

(e) 时步数目=10.5×10⁴　　(f) 时步数目=11×10⁴　　(g) 时步数目=11.5×10⁴　　(h) 时步数目=12×10⁴

图 3.23　不同时步数目时包含挤压雁形断层的标本中位移反向区的分布

(a) ~ (d)水平位移；(e) ~ (h)垂直位移

(3)当时步数目=10.5×10^{4}时,雁列区尚未贯通,但一些节点已发生位移反向。它们主要位于雁列区的边缘上、两条断层端部的连线上及断层上,这表明含挤压雁形断层的标本的变形模式已开始发生转变,具有一定的前兆意义。

　2. 拉张雁形断层的结果

由图 3.24 给出的结果可以发现:

(1)位移反向区主要分布于雁列区之外的广大区域上,仅雁列区的一部分发生位移反向。

(2)位移反向区不能跨过断层发展,水平或垂直位移反向区只位于某条断层的一侧。水平及垂直位移反向区可以在某条断层的同侧,也可以不同侧。

(3)当时步数目=4.5×10^{4}时,雁列区尚未贯通,但大量节点已发生了位移反向,特别是垂直位移反向,具有一定的前兆意义。

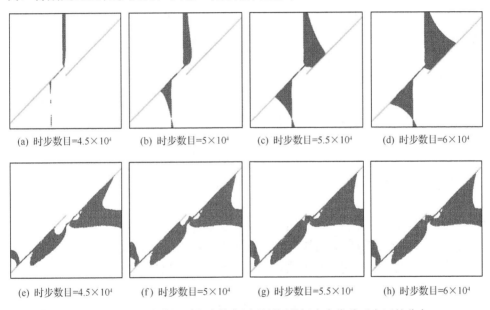

(a)时步数目=4.5×10^4　　(b)时步数目=5×10^4　　(c)时步数目=5.5×10^4　　(d)时步数目=6×10^4

(e)时步数目=4.5×10^4　　(f)时步数目=5×10^4　　(g)时步数目=5.5×10^4　　(h)时步数目=6×10^4

图 3.24　不同时步数目时包含拉张雁形断层的标本中位移反向区的分布
(a)~(d)水平位移;(e)~(h)垂直位移

3.7.3　讨论

通过和挤压雁形断层的位移反向区相比,拉张雁形断层的位移反向区面积大,对称性差。对称性差的原因可能和雁列区贯通后,岩块沿断层的错动不受雁列区影响有关。

　　通过观察图 3.23 和图 3.24，可以发现一些共性：随着时步数目的增加，位移反向区渐趋稳定，不再发生变化；发生位移反向的区域的尺寸和标本总体尺寸相比并不占优，广大区域并未发生位移反向，位移反向区只集中在特定的位置上。对于挤压雁形断层，位移反向区的确定比较容易。对于拉张雁形断层，位移反向区的分布比较复杂；临近断层，反向区的尺寸大，而远离断层，反向区尺寸小，直至消失。这意味着在野外布置仪器时，应有重点地布置在特定的区域，才可能更有效，更有利于捕捉到一些异常或地震前兆。

　　地震前出现明显异常的地区与未来震中区偏离的现象称之为前兆偏离，它给大地震前判断可能的发震部位带来了困难，理解这种现象十分必要。马瑾等（1999）设计了拐折断层、张拉雁形断层、挤压雁形断层和组合雁形断层模型，进行了双轴压缩试验，讨论了前兆偏离等现象。该文献指出，在一个区域变形过程中，将不同构造部位按其作用可以划分为 5 种类型：制动单元（或闭锁单元）、错动单元、让位单元、敏感单元和阀单元；错动单元是较平直的断层段，该处能产生快速错动，往往是大震发生的地段；敏感单元是对错动情况反映灵敏的部位，区域变形情况往往通过这个部位表现出来。

　　对于挤压雁形断层，马瑾等（1999）观察到了两次事件，第 1 次发生在雁列区内部，而在雁列区外侧的两个测点上观察到应变的大小和主轴方向发生了明显的变化，敏感单元与错动单元临近。其中的 1 个测点位于断层端部之外的破裂带上。由我们的计算结果可以发现，这一部位发生了拉伸破坏。

　　第 2 个事件发生在远离雁列区的断层上，但在挤压雁列区之内的测点的应变大小和方向都发生了明显的变化。这时，敏感单元与错动单元相互偏离。对于组合的雁形断层，试验结果表明：事件发生在拉张雁列区，而异常却发生在挤压雁列区之内。为什么挤压雁列区之内的测点上会出现异常？当然和这一部位具有较高的应力、应变状态有关。此外，其他一些力学量的反常表现也可能是原因之一。例如，由我们的计算结果可以发现，水平及垂直位移反向区域基本上位于挤压雁列区之内（图 3.23）。

　　对于拉张雁形断层，1 次事件发生在远离雁列区的断层上（马瑾等，1999），而异常较明显的部位都位于雁列区之外，但与雁列区较近。我们的数值结果（图 3.24）表明，位移反向区呈块状分布，覆盖了一部分雁列区，基本上位于雁列区之外，这可以在一定程度上解释上述试验发现。

3.8　事件的频次-能量释放关系的斜率绝对值(b_0值)的计算方法

下面,以拉张雁形断层的断层活化阶段及雁列区贯通阶段为例,介绍事件的频次-能量释放关系的斜率绝对值(b_0值)的计算方法。这里,将事件定义为释放剪切应变能的破坏单元,即不考虑拉伸应变能的影响,这是因为和破坏单元释放的剪切应变能相比,释放的拉伸应变能要小一些。

图 3.3 中的范围 A 覆盖了一部分断层活化阶段及雁列区贯通阶段,将其分划成 40 个时段,每个时段对应于 500 个时步,例如,第 1 个时段从 $4\times10^4 \sim 4.05\times 10^4$ 个时步,第 2 个时段从 $4.05\times10^4 \sim 4.1\times10^4$ 个时步,依此类推。在图 3.25(a) 中,仅给出了有代表性的 5 个时段内事件释放的剪切应变能。根据事件释放能量的大小,将事件进行编号,小号事件代表释放的能量较少的事件。由图 3.25(a) 可以发现,小号事件较多,而大号事件十分稀少。这意味着,为了对能量释放数据进行有效的统计,适当的取舍是十分必要的。在第 1 个时段,最大号事件释放的能量 E_m 仅为 5×10^{-5}J,而在第 21 个时段,其为 7×10^{-4}J。

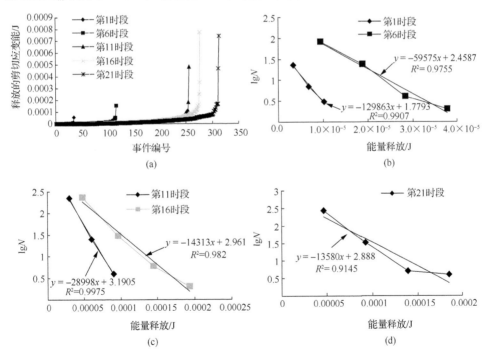

图 3.25　拉张雁形断层的活化阶段和雁列区贯通阶段释放的剪切应变能的分布(a) 及统计结果(b) ~ (d)

　　图 3.25(b)~(d)给出了不同时段内事件的数目(N)取对数后与释放能量之间的关系以及线性回归后的结果，这里，取 $P=1/4$，$Q=4$。P、Q 分别称之为截断指标和分级指标(图 3.26)。在每个时段之内，将释放能量大于 PE_m 的事件舍弃，仅对剩余的事件进行统计，将其划分为 Q 级。在第 1 级中，事件释放的能量在 0~PE_m/Q；在第 4 级中，事件释放的能量在 $3PE_m/Q$~PE_m，等等。也就是说，在每一个等级中，事件释放的能量是一个范围，取各范围的中值作为图 3.25(b)~(d)的横坐标，例如，在第 1 级中，能量释放的中值为 $0.5PE_m/Q$。

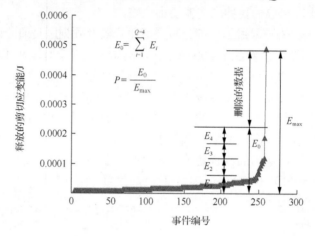

图 3.26　截断指标和分级指标的定义

　　在每个时段之内，事件的分布有所不同。通常，小事件多而大事件少，这样，事件的频次(事件数目的对数)-能量释放关系应是下降的。然而，在某些特殊情况下，可能会出现小事件少而大事件多的反常现象。在这种特殊条件下，只对那些频次-能量释放关系单调的小事件进行统计。由图 3.25(b)~(d)可以发现，在上述 5 个时段之内，事件的频次-能量释放关系都呈较好的线性规律，R^2 都大于 0.9。在第 1 和第 11 个时段 [图 3.25(b)~(c)]，仅对前 3 级数据进行回归。这是由于在第 4 级中大事件的数目较多。在上述 5 个时段之内，事件的频次-能量释放关系的斜率绝对值(b_0 值)分别为 $1.29863 \times 10^5 J^{-1}$、$5.9575 \times 10^4 J^{-1}$、$2.8998 \times 10^4 J^{-1}$、$1.4313 \times 10^4 J^{-1}$ 及 $1.3580 \times 10^4 J^{-1}$。可以发现，随着时段编号的增加，$b_0$ 值有下降的迹象，直到达到稳定。

　　应当指出，b_0 值和 b 值有所不同。b 值定义为事件数目的对数与事件的震级之间关系的负斜率(Scholz，1968；Lei et al.，2000)。为了计算 b_0 值，使用了事件释放的能量，而不是震级。对于地震而言，能量 E_1 与震级 M 之间的关系为 $E_1 = 1.4 + 1.5M$(Scholz，1968)。不过，此公式目前未被采用，这是由于不清楚是否这样的规律在数值模型中也适用。由于事件的频次与能量释放关系已近似成线性

（尽管在理论上尚难以证明），所以，没有必要再将事件释放的能量转换成震级。

事件的频次-能量释放关系呈线性，而非幂律，其原因可能如下：

（1）采用 Weibull 分布描述单元力学参数的空间非均匀分布，且未作任何截断；

（2）对于同种单元，即岩石单元或断层单元，在破坏之后，由于其强度参数的不同，认为其峰后脆性会有所不同；

（3）仅统计每个能量等级之内的事件，未统计比其大的事件；

（4）单元的尺寸偏大，使事件的频次总体上偏少；

（5）未考虑事件的尺度。实际上，事件均具有一定的尺度。而在目前的数值模型中，将事件定义为一个释放能量的破坏单元，这将夸大实际事件的频次。许多相互连接的破坏单元若同时释放能量可认为是一个事件。

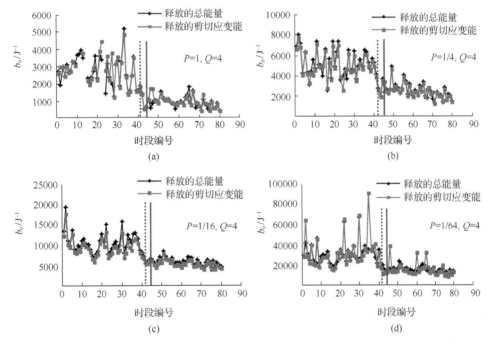

图 3.27　不同截断指标时，在 $8.75 \times 10^4 \sim 12.75 \times 10^4$ 个时步之间，由释放的剪切应变能和总能量计算得到的 b_0 值的演变规律

点线代表挤压雁列区贯通，实线对应于局部应力峰

应当指出，上文中提及了一种无法计算 b_0 值的情形，即事件的能量分布规律反常。此外，还有另一种情形，即数据量不够，例如，在一个能量等级之内，仅有 1 个事件。

上文已指出，在图 3.25 中未考虑事件释放的拉伸应变能。这里，将对其贡献进行检验。以挤压雁列区贯通过程为例，进行讨论。将 $8.75 \times 10^4 \sim 12.75 \times 10^4$ 个时步划分成 80 个时段，每个时段持续 500 个时步。分别统计了由事件释放的剪切应变能和应变能计算得到的 b_0 值随时段编号的演变规律(图 3.27)，其中，垂直的虚线代表雁列区贯通，垂直的实线代表局部应力峰值。由此可以发现，两种结果几乎没有什么区别，特别是在雁列区贯通之后；随着时段编号的增加，b_0 值首先在高水平上波动，然后在较低的水平波动；两部分的转折点发生在局部应力峰附近；截断指标越小(代表舍弃的大事件越多)，b_0 值的波动现象越明显。在断层形核之前(Lockner et al.，1991；Lei et al.，2000)及快速应力下降之前(Main et al.，1992；Sammonds et al.，1992)，都可观察到 b 值的下降现象。目前的 b_0 值在局部应力峰附近的下降现象与上述试验现象有一定的类似性。

根据释放的剪切应变能和应变能计算得到的 b_0 值差异很小，这表明在计算 b_0 值时似乎没有必要考虑释放的拉伸应变能。

3.9　拉张雁形断层的 b_0 值的演变规律

3.9.1　断层活化和雁列区贯通阶段

将图 3.3 中范围 A 划分为 40 个时段，每个时段对应于 500 个时步。图 3.28(a)给出了 b_0 值(事件释放的能量取为总能量，下同)随时段编号的演变规律。在第 17 个时段，雁列区内开始出现破坏区，此时，雁列区尚未贯通，但 b_0 值已从雁列区贯通之前的高值下降至低值。

P 越小(代表舍弃的大事件越多)，则 b_0 值越大，且波动较大。这意味着 P 不应过小。应当指出，当 $P=1$ 时，即保留全部事件，在一些时段之内，也无法计算出 b_0 值，例如，在第 5、6、7、9 及 10 个时段。在这些时段，大事件多而小事件少，这导致了单调增加的事件的频次-能量释放关系。因此，适当忽略一些大事件也是必要的。

3.9.2　应力峰前后阶段

将图 3.3 中范围 B(从 $9 \times 10^4 \sim 11 \times 10^4$ 个时步)，即应力峰附近，划分为 40 个时段，每个时段对应于 500 个时步。图 3.28(b)给出了 b_0 值随时段编号的演变规律，其中，$P=1/5$，而 Q 取值不同。应力峰出现在第 23 个时段。当 $Q=2$、3 和 4 时，b_0 值在应力峰之前已下降至全局最小值 $4 \times 10^3 \mathrm{J}^{-1}$。

最小的 b_0 值出现在第 19、20 个时段。然后，b_0 值在第 21、22 及 23 个时段发生恢复，且发生于应力峰之前。在峰后，b_0 值出现了剧烈的波动。应当指出，当 $Q=5$ 时，b_0 值在峰前下降至最小值的现象并不明显，这表明，不应将能量等级划分得过细。通常，在应力峰之前，b_0 值是下降的，除了应力峰之前 b_0 值的短期恢复。

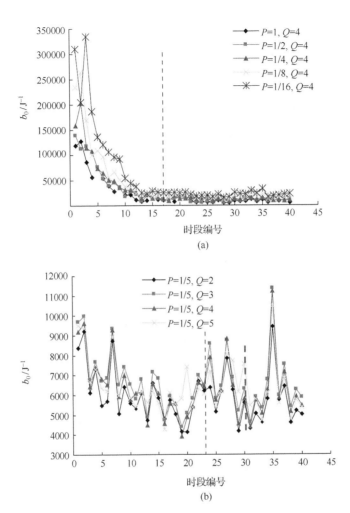

图 3.28 拉张雁形断层的阶段 A(a) 和 B(b) 的 b_0 值的演变规律

①阶段 A、B 见图 3.3；②(a)图表示覆盖断层活化阶段和雁列区贯通阶段，从 4 万 ~ 6 万个时步，点线对应于雁列区内部出现破坏单元；③(b)图表示在应力峰附近，从 9 万到 11 万个时步，点线对应于应力峰

3.10 挤压雁形断层的 b_0 值的演变规律

3.10.1 断层活化和雁列区之外破坏区扩展阶段

将图 3.3 中范围 A 划分为 40 个时段，每个时段对应于 500 个时步。图 3.29(a)给出了 b_0 值随时段编号的演变规律。在第 20 个时段，破坏区开始由断层端部向

外扩展。可以发现，在破坏区开始由断层端部向外扩展之前，b_0 值已下降至低值。当雁列区之外的破坏区不断扩展时，b_0 值没有大的变化。

3.10.2　雁列区贯通阶段

将图 3.3 中范围 C（从 $8.75 \times 10^4 \sim 12.75 \times 10^4$ 个时步），即雁列区贯通前后，划分为 80 个时段，每个时段对应于 500 个时步。图 3.29(b) 给出了 b_0 值随时段编号的演变规律，在第 41 个时段，雁列区刚开始贯通。在第 44 个时段，出现局部应力峰。可以发现，随着时段编号的增加，则 b_0 值先剧烈波动，然后波动幅度明

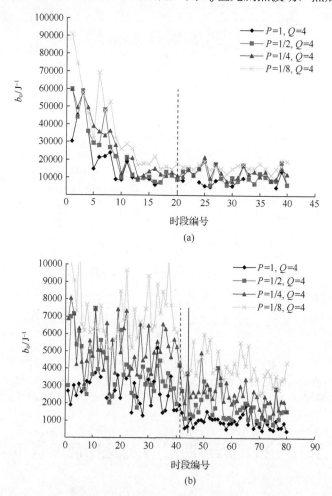

图 3.29　挤压雁形断层的阶段 A(a) 和 C(b) 的 b_0 值的演变规律

①阶段 A、C 见图 3.3；②(a)图表示覆盖断层活化阶段和破坏区向外传播阶段，从 $4 \times 10^4 \sim 6 \times 10^4$ 个时步，点线对应于破坏区从断层端部开始向外传播；③(b)图表示雁列区贯通阶段，点线对应于雁列区贯通，实线对应于局部应力峰（图 3.3 的 c_1 至 d_1 点之间）

显减少。大致在局部应力峰附近，波动幅度发生变化，b_0 值能反应雁列区的贯通。通过舍弃一些大事件，b_0 值的波动性有所下降。P 越小，则 b_0 值越高，且波动越剧烈。

综上所述，能量等级不应划分得过细，适当地舍弃一些大事件有利于波动性小的 b_0 值的获得。截断因子 P 建议取为 1/8～1/2，分级因子建议取为 3～4。

3.11　关于 b_0 值的讨论

通过上述数值计算，发现了 b_0 值的三种演变规律(表 3.1)。为了更清晰地表现 b_0 值在不同阶段的变化，将破坏区扩展阶段和雁列区贯通阶段的 b_0 值分开表示。

表 3.1　b_0 值的三种表现

类型	断层活化阶段	破坏区扩展阶段	雁列区贯通阶段	应力峰附近
拉张雁形断层	下降	不变	不变	先降后升
挤压雁形断层	下降	不变	下降	–

3.11.1　b_0 值不同表现的原因及条件

(1)在两种典型雁形断层的断层活化阶段，均观测到了 b_0 值的下降现象。这种下降现象与应力或应变的增强有关，应该表现在很大的范围内。当应力或应变的水平较低时，小事件会较多；随着应力或应变水平的提高，大事件会逐渐增多，因而，b_0 值会表现为下降。理论研究、试验研究及地震学证据均表明，b 值与远程应力负相关(Atkinson，1984；Main et al.，1992；Schorlemmer et al.，2005)，这与目前的数值结果有类似性。

(2)在挤压雁形断层的破坏区向雁列区之外的扩展阶段，以及拉张雁形断层的破坏区的扩展及雁列区的贯通阶段，不能观察到 b_0 值的明显变化，其可能的原因如下：

对于挤压雁形断层而言，此阶段尽管发生破坏的单元较多，但是主要发生的是拉伸破坏。拉伸破坏事件释放的能量少，它的发生增加了低能量端的事件数，低能量端事件数本来就大，因此，对 b_0 值的影响小。

对于拉张雁形断层而言，此阶段不仅发生破坏的单元数少，而且发生的是拉伸破坏，主要局限于雁列区内部，因而释放的能量较少。另外，拉张雁形断层破坏区的扩展阶段十分短暂。在拉张雁列区贯通阶段，b_0 值变化不明显，这与走滑型地震前的异常少的事实类似(梅世蓉，1985；陈棋福，2002)。

(3)在挤压雁形断层的贯通阶段，b_0 值发生了明显的下降。其原因如下：挤压雁列区之内的单元在雁列区压应力的缚束条件下难以发生剪切破坏，进而储存了较多的应变能。一旦雁列区之内的单元发生剪破坏，大量储存的能量将被释放。然而，这一过程不是瞬间完成的，持续的时间将较长，这是由于在断层端部之外的拉伸破坏提供的让位条件未满足之前，断层两侧块体的错动始终受到限制。此外，雁列区之外的单元的拉破坏仍在不断发展，且破坏的影响范围大。这些特点与拉张雁形断层很不相同，因此，在雁列区贯通引起的应力降之前或附近可以观察到 b_0 值的明显降低现象。总的来说，在雁列区贯通阶段，破坏区的扩展、连接的增强，发生大量释放大能量的事件，使 b_0 值下降。在雁列区贯通阶段，b_0 值的下降应该出现在扩展断层附近区域，这与断层活化阶段的表现范围有很大差别，分清两个阶段的差别对于分析区域变形状态有重要意义。针对挤压雁形断层的计算结果与破裂型地震或混合型地震前的异常较多的事实类似(梅世蓉，1985；陈棋福，2002)。

(4)在拉张雁形断层的应力峰附近，观察到了 b_0 值下降之后的回升现象，这与余震的表现具有一定的类似性。b_0 值下降到全局最低点之后的回升代表标本中缺乏大事件(异常的平静现象)，而小事件开始变多。一些文献报道，在岩石标本短临阶段(应力峰至应力突然下降)之后，b 值发生了提高或恢复(Mogi，1967；Meredith et al.，1990；Lockner et al.，1991；Main et al.，1992；Sammonds et al.，1992)，这与目前的计算结果比较类似。

3.11.2　两种典型雁形断层相同及不同阶段的 b_0 值演变规律对比

图 3.30(a)给出了拉张雁形断层的断层活化阶段和应力峰前后阶段 b_0 值的演化规律的对比。可以发现，断层活化阶段的 b_0 值高于应力峰前后阶段的 b_0 值。这意味着，在断层活化阶段，发生在断层上的事件都是小事件；在应力峰前后阶段，大事件仍出现在断层上，但这些大事件可能发生在强度较高的断层单元上，这些断层单元充当了障碍体的角色。

图 3.30(b)给出了挤压雁形断层的断层活化阶段和雁列区贯通阶段 b_0 值的演化规律的对比。可以发现，和雁列区贯通阶段的 b_0 值的变化相比，断层活化阶段的 b_0 值的变化更明显。在上述两个阶段，较大事件的发生位置有所不同。在断层活化阶段，所有事件都发生在断层上，而在雁列区贯通阶段，较大事件发生在雁列区内部及毗邻的断层上。

图 3.30(c)给出了两种典型雁形断层的断层活化阶段 b_0 值的演变规律的对比。可以发现，在第 15 个时段之前，二者有明显的差异。挤压雁形断层的断层活化阶段的 b_0 值较低。这意味着，挤压雁形断层中的小事件较少，这应和雁列区的阻碍有关。在第 15 个时段之后，b_0 值的演变规律几乎没有差异，与雁形断层的类型无

关。对于挤压雁形断层，这个阶段对应于雁列区之外破坏区的传播。对于拉张雁形断层，这个阶段对应于雁列区之内拉伸破坏区的传播和雁列区的贯通。

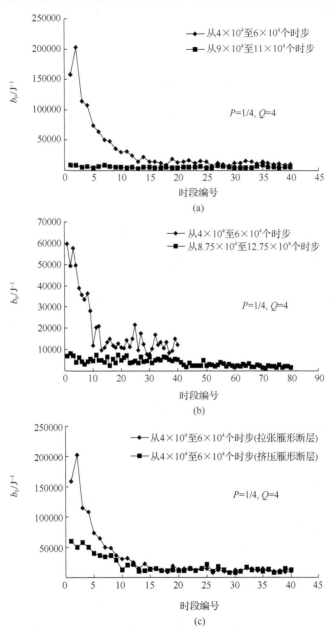

图 3.30　两种典型雁形断层在不同变形阶段的 b_0 值的演变规律

(a)图拉张雁形断层的阶段 A 和 B；(b)图挤压雁形断层的阶段 A 和 C；(c)图两种典型雁形断层的阶段 A

3.11.3 b_0 值的变化与结构变化之间的关系

在拉张雁形断层的雁列区贯通阶段及挤压雁形断层的破坏区向雁列区之外的扩展阶段，并没有观察到 b_0 值的明显变化。在这些阶段，出现了新的拉破坏区，显然断层系统的结构发生了改变。在挤压雁列区的贯通阶段，由于雁列区内部发展出了新的剪切破坏区，断层系统的结构也发展了变化。因此，断层系统的结构变化(或出现新的破坏区)不一定能引起 b_0 值的改变，关键取决于结构变化的类型，如果结构变化造成了大量的能量释放(例如本书中的剪破坏)，才有可能引起 b_0 值的明显变化。目前的观点与陈顺云等(2005)的观点有所不同。

3.12　断层间距对应力-时步数目曲线和破坏单元分布的影响

图 3.31(a)～(b)分别给出了包含挤压和拉张雁形断层的标本的应力-时步数目曲线，插图给出了 7.2×10^5 个时步时破坏单元的分布规律。对于同种雁形断层，在不同方案中，断层间距是不同的。由图 3.31 可以发现，在初始加载阶段(时步数目小于 5×10^4)，断层间距对应力的影响可忽略不计。此时，标本处于弹性阶段。此后，断层间距的影响是显著的。在相同的时步数目时，包含小间距雁形断层的标本的应力低，这意味着雁列区的阻碍作用不强烈，雁列区容易贯通。这种现象在图 3.31(b)中和 1.4×10^5 个时步之前的图 3.31(a)中均可发现。

在 3.3 节，已经提及了方案 2 和方案 5 的结果。在方案 5 中，挤压雁列区的贯通引起了一个大的应力降；随后，随着变形的继续，应力稍有增加，直到达到峰值；然后，应力不断下降。方案 4 和方案 5 的结果相类似，方案 6 的结果则十分不同。在方案 6 中，在挤压雁列区贯通引起的大的应力降之后，应力不再上升。随着断层间距的增加，挤压雁列区贯通引起的应力下降现象被延迟了，且应力降上升。对于拉张雁形断层，随着断层间距的增加，全局应力峰值出现的时刻并未被延迟。

在图 3.31 中，剪切和拉伸破坏单元均用黑色标明，其他颜色标明了单元的黏聚力。由此可以发现，随着断层间距的增加，破坏单元的数目增加。在方案 5 和方案 6 中，可以观察到两种破坏区，即弯曲的翼形破坏区和平直的破坏区。它们均从断层端部向外扩展。而在方案 4 中，在挤压雁列区之外，仅观察到了平直的破坏区。在方案 6 中，在挤压雁列区之内，仅观察到连通两条断层端部的平直的破坏区，而在方案 4 和方案 5 中，破坏单元的分布较为复杂：除了可以观察到连通两条断层端部的破坏区，还可以观察到启动于断层端部的破坏区，它们的扩展

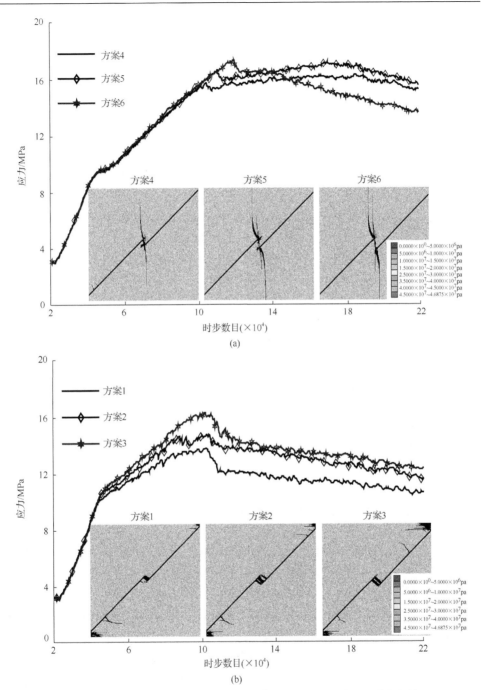

图 3.31 应力-时步数目曲线及 2.2×10^5 个时步时破坏单元的分布规律

①(a) 和 (b) 分别为挤压和拉张雁形断层的结果；②黑色单元为破坏单元，其他颜色的单元为未破坏单元，颜色标明了单元的黏聚力

方向起初与断层方向一致，并逐渐向另一条断层靠拢。这样，断层之间的重叠量将有所增加，断层之间的相互作用将更强。这些结果表明，当断层间距下降时，挤压雁列区更容易贯通，这与常识相符。Aydin 和 Schultz(1990)通过数值模拟发现，对于相对更紧密排列的雁形断层，断层之间的相互作用更强烈。在方案 1～3 中，在拉张雁列区之内，可以观察到连通两条断层的破坏区。在一些远离雁列区的位置，也可观察到一些破坏单元，特别是在标本的左下角和右上角。在物理试验中，为了避免这些角的破裂，通常切去这些角。在拉张雁列区之外，方案 3 的破坏单元数目大于方案 1 的，这也说明方案 3 中两条断层的相互作用较弱。

对于挤压雁形断层，破坏区或裂纹从断层端部启动，并向外扩展的现象在野外及室内试验中非常常见。当断层间距较小时，雁形断层的破坏模式主要受控于挤压雁列区。否则，当断层间距足够大时，雁形断层之间的相互作用相对较弱，两条断层相对独立。对于拉张雁形断层，由于断层之间的相互作用，雁列区容易贯通，没有观察到从雁列区扩展出去的破坏区，这与有关的野外观察及室内试验结果相吻合。

3.13　断层间距对雁形断层破坏过程的影响

以拉张雁形断层为例进行研究。图 3.32～图 3.34 分别给出了方案 1～3 不同时步数目时破坏区的分布，黑色代表已发生破坏的单元，既包括剪破坏单元，也包括拉破坏单元。

由图 3.31 可以发现，在大约 5×10^4 个时步之前，方案 1～3 的应力-时步数目曲线并没有差别。在这一阶段，仅断层上一些单元发生了破坏，见图 3.32(a)、图 3.33(a) 及图 3.34(a)。

在 5×10^4 个时步之后，3 个方案的应力-时步数目曲线的差别变得明显。方案 3 的结果在最上方，而方案 1 的结果在最下方。这说明，当断层间距变大时，雁列区更难于贯通，因而，在相同的时步数目或轴向应变(方向应变)时，标本具有较高的承载能力。3 个方案的应力峰值所对应的时步数目基本上没有随着断层间距的增加而变化，大约在 10×10^4 个时步附近。

由图 3.32～图 3.34 给出的破坏区分布可以发现，随着断层间距的增加，雁列区贯通越来越晚，越来越难。例如，在方案 1 中，当时步数目$=5 \times 10^4$ 时，雁列区已贯通，即两条雁形断层被破坏区连通 [图 3.32(b)]；在方案 2 中，当时步数目 $=6 \times 10^4$ 时，雁列区已贯通 [图 3.33(c)]，当时步数目$=5 \times 10^4$ 时，从右断层某一位置发展出的破坏区尚未与左断层相遇 [图 3.33(b)]，在相同时步数目时，在方案 3 中，雁列区之内尚未发现破坏区 [图 3.34(b)]。

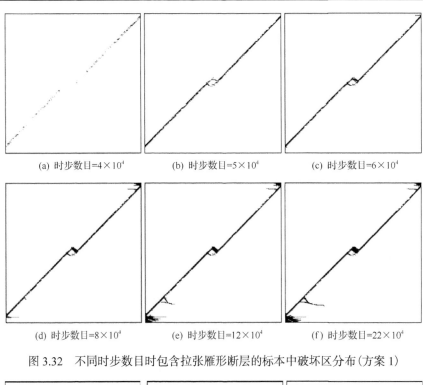

(a) 时步数目=4×10⁴   (b) 时步数目=5×10⁴   (c) 时步数目=6×10⁴

(d) 时步数目=8×10⁴   (e) 时步数目=12×10⁴   (f) 时步数目=22×10⁴

图 3.32 不同时步数目时包含拉张雁形断层的标本中破坏区分布(方案 1)

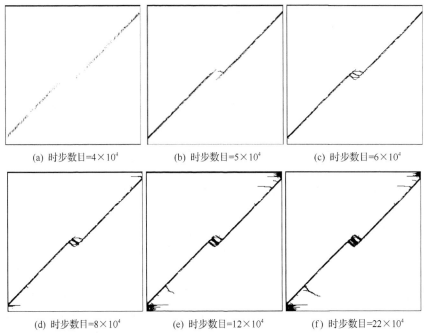

(a) 时步数目=4×10⁴   (b) 时步数目=5×10⁴   (c) 时步数目=6×10⁴

(d) 时步数目=8×10⁴   (e) 时步数目=12×10⁴   (f) 时步数目=22×10⁴

图 3.33 不同时步数目时包含拉张雁形断层的标本中破坏区分布(方案 2)

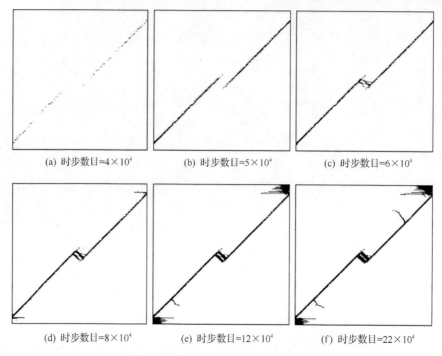

(a) 时步数目=4×10⁴　　　　(b) 时步数目=5×10⁴　　　　(c) 时步数目=6×10⁴

(d) 时步数目=8×10⁴　　　　(e) 时步数目=12×10⁴　　　　(f) 时步数目=22×10⁴

图 3.34　不同时步数目时包含拉张雁形断层的标本中破坏区分布(方案 3)

在方案 1 中，断层间距最小，因而断层之间的相互作用最强，所以，雁列区贯通容易且早。反之，在方案 3 中，雁列区贯通困难且晚。在图 3.32(f)、图 3.33(f)及图 3.34(f)中，可以发现，在远离雁列区的位置，从断层上发展出了许多条破坏区，方案 3 的破坏区的数量显然多于方案 1 的，这也在某种程度上说明了方案 3 中断层的相互作用最弱。如果断层之间的相互作用强，那么破坏区应该局限于雁列区及附近，不会在远离雁列区的位置发展出较多的破坏区。

由图 3.32～图 3.34 可以发现，除了远离拉张雁列区之外和断层上的破坏区，其余的破坏区都局限于雁列区之内，这与一些野外观察结果(Segall and Pollard，1980；Sibson，1985；Aydin and Schultz 1990)、试验结果(陈俊达等，2005；陈顺云等，2005；马胜利等，2008)及数值结果(Segall and Pollard，1980；Ben-Zion and Rice，1995)比较一致。上述特点与挤压雁形断层的结果并不相同，野外观察结果、试验结果及数值结果都表明，从断层端部向外扩展出了破坏区或裂纹(位于挤压雁列区之外)。

在室内试验中，为了避免压板之间的干涉，常将标本的 4 个角切去。在本章的数值标本中，未切去标本的 4 个角。由图 3.32 和图 3.33 可以发现，在标本左下角和右上角的位置发展出了较多的破坏区，这显然和这一位置的应力集中程度高有关，这应该不会影响远离这一位置的雁列区内部的变形及破坏规律。

3.14　断层间距对雁形断层破坏过程中能量释放的影响

以拉张雁形断层为例进行研究。上节指出,对于方案 2,在 $4.8\times10^4\sim5.3\times10^4$ 个时步之间,划分了 5 个时段,每个时段持续 1000 个时步,雁列区贯通于 5.03×10^4 个时步。对于方案 1,在 $4.7\times10^4\sim5.2\times10^4$ 个时步之间,划分了 5 个时段,每个时段将持续 1000 个时步,雁列区贯通于 4.995×10^4 个时步。对于方案 3,在第 $5.0\times10^4\sim5.5\times10^4$ 个时步之间,划分了 5 个时段,每个时段将持续 1000 个时步,雁列区贯通于 5.275×10^4 个时步。各雁列区均于第 3 个时段内贯通。

表 3.2 给出了方案 1~3 中各时段内两种应变能释放量(所有单元释放能量的总和)的计算结果。由此可以发现:

(1)随着断层间距的增加,剪切应变能释放量增加明显,但对拉伸应变能释放量的影响没有一致的规律可循。

(2)方案 3 中第 2、3 时段内剪切应变能释放量差别较大,这应与断层间距较大有关。

图 3.35 给出了方案 1~3 中雁列区贯通过程中两种能量释放率随时步数目的演变规律[方案 2 的结果在 3.6.2 节已给出(图 3.19),这里为了进行对比,仍然给出],雁列区贯通的时步数目分别在图 3.35 中以虚直线标出。由此可以发现:

(1)随着断层间距的增加,剪切应变能释放变得剧烈,但对拉伸应变能释放率却没有明显的影响,因此应变能释放总量增加。

(2)方案 1~3 的剪切应变能释放率的峰值分别为 3.0×10^{-4}J、3.1×10^{-4}J 及 4.5×10^{-4}J,单调性较好;方案 1~3 的拉伸应变能释放率的峰值分别为 4.6×10^{-5}J、5.7×10^{-5}J 及 4.1×10^{-5}J,并不单调,其原因有待于进一步探讨。

表 3.2　各时段内两种应变能释放量

时段编号	方案 1		方案 2		方案 3	
	剪切应变能/10^{-2}J	拉伸应变能/10^{-3}J	剪切应变能/10^{-2}J	拉伸应变能/10^{-3}J	剪切应变能/10^{-2}J	拉伸应变能/10^{-3}J
1	1.4	1.2	1.5	1.4	1.6	1.3
2	1.5	1.2	1.5	1.4	1.7	1.4
3	1.6	1.5	1.6	1.8	2.2	1.7
4	1.8	1.9	2.0	2.5	2.3	2.1
5	2.1	2.3	2.1	2.8	2.5	2.2

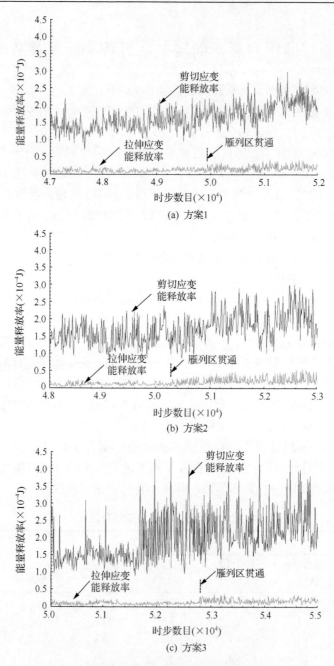

图 3.35　雁列区贯通过程中两种能量的释放率

虚线代表雁列区贯通(破坏区将两条雁形断层连通

3.15　断层内、外侧的剪切应变的演变规律

在 FLAC-3D 中，当前的剪切应变 γ 是对过去所有时步内剪切应变增量 $\Delta\gamma$ 求和得到的，$\Delta\gamma$ 可以表示为

$$\Delta\gamma = \sqrt{2\Delta e_{ij}\Delta e_{ij}} = \sqrt{J_2'}$$

式中，Δe_{ij} 是偏应变张量的增量；J_2' 是 Δe_{ij} 的第二不变量。

为了研究断层附近的剪切应变的分布及演变规律，以与左断层平行的两条直线上一些岩石单元作为监测单元。在左断层的内侧和外侧，将这些监测单元分别编号为 $^\#3$～$^\#32$ 和 $^\#33$～$^\#62$，见图 3.36。作为例子，方案 5 和方案 2 的结果分别在图 3.37～图 3.38 中给出，其中，编号为 1 的曲线是应力-时步数目曲线，而编号为其他数字的曲线是一部分监测单元的剪切应变-时步数目曲线。实箭头标明了雁列区的贯通，它会引起较大的剪切应变下降；虚线箭头标明了一些小的剪切应变下降或突增。

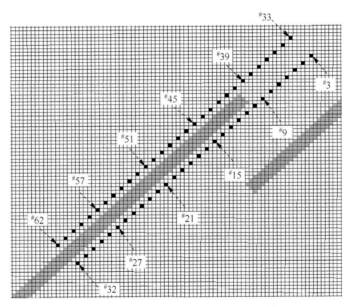

图 3.36　左断层附近的监测单元的位置

部分监测单元的位置用数字标记

可能地，在图 3.37 和图 3.38 中，难以分清一些曲线。这意味着，这些监测单元的剪切应变的演变规律是类似的。没有必要分析所有监测单元的剪切应变的演

变规律，而只需聚焦那些具有特殊响应的监测单元和剪切应变的变化趋势，以有利于两种典型雁形断层的差异的对比。因此，一些曲线的重叠无关大碍。

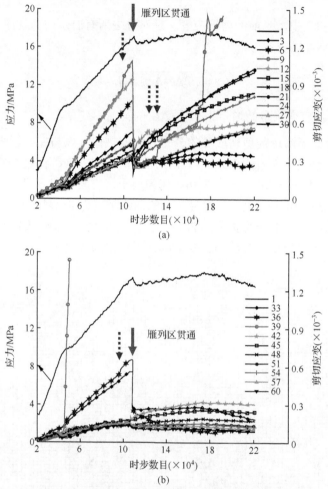

图 3.37　包含挤压雁形断层的标本 σ_1 方向的应力及标本中监测单元的剪切应变随着
时步数目的演变规律(方案 5)

(a)和(b)分别为左断层内侧和外侧的结果

3.15.1　挤压雁形断层的结果

由图 3.37 可以发现：

(1)左断层内侧单元的剪切应变高于外侧单元的。#39 单元的响应较为特殊，它位于从断层端部发展出的破坏区内部，见图 3.31(a)中的破坏单元分布。在时步数目超过 5×10^4 时，其剪切应变发生快速上升。

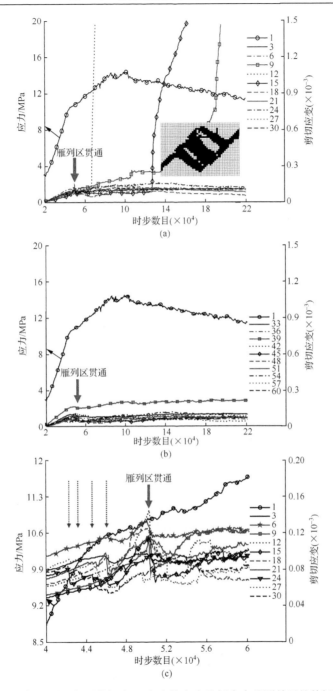

图 3.38　包含拉张雁形断层的标本 σ_1 方向的应力及标本中监测单元的剪切应变随着
时步数目的演变规律(方案 2)

(a, c)和(b)分别为左断层内侧和外侧的结果

(2)剪切应变下降的最大值与雁列区的贯通相对应，与此同时，在应力-时步数目曲线上出现了一个局部应力峰。在雁列区贯通过程中，许多单元同时经历剪切应变下降，且位于断层内侧单元的剪切应变下降高于断层外侧单元的。除了这些剪切应变下降，在雁列区贯通之前或之后，也可观察到一些小的剪切应变下降。令人感兴趣的是，在一些小的剪切应变下降发生时，可以观察到一些小的剪切应变上升，这反映了剪切或拉伸破坏而引起的剪切应变的重新分布。例如，#12 单元在 1.0×10^4 个时步时，出现小的剪切应变下降，而与此同时，其周围的#9 单元经历了剪切应变的快速上升。

(3)在局部应力峰之后，断层内侧一些单元的剪切应变不断上升，而外侧单元的剪切应变只是稍有变化，离雁列区越远，剪切应变越小。#60 单元的剪切应变下降最小，该单元靠近图 3.36 的左下角。

(4)位于不同部位的单元的响应有所不同。在雁列区贯通之后，对于#3、#6、#33 和#36 单元，剪切应变的演变规律不同于其他单元，这是由于这 4 个单元位于断层端部的前方。对于#9 和#12 单元，剪切应变的演变规律较为复杂，这是由于它们发生了破坏。除了这些单元，其他单元的剪切应变的演变规律较为类似。

(5)对于断层端部前方的单元，越靠近断层端部，剪切应变越高。在#3、#6 和#9 单元中，#9 单元的剪切应变最高，且#36 单元的剪切应变高于#33 单元的。这些结果表明，大部分弹性应变能储存在雁列区内部及其附近区域，也包括靠近断层端部的区域。而且，具有较高剪切应变的区域被两条断层部分包围，且不能跨过断层。在两条断层的外侧，剪切应变不高。

3.15.2　拉张雁形断层的结果

由图 3.38(a)可以发现，在左断层内侧，雁列区内部的 3 个单元的剪切应变可以达到极高，这是由于这些单元的破坏引起的。除了这 3 个单元，其他单元的剪切应变在变形后期相对较低。没有观察到断层内、外侧剪切应变分布及演变规律的明显差异，这表明，岩块储存了较少的弹性应变能，就像刚体一样。而且，剪切应变的演变规律较为平稳，尤其是在 5×10^4 个时步之后，未观察到剪切应变下降。拉张雁形断层的这些特点与挤压雁形断层的大不相同。

令人吃惊的是，在图 3.38(a)~(b)中，未观察到剪切应变下降。因此，有必要详细地观察剪切应变的演变规律。图 3.38(a)的局部放大图见图 3.38(c)，其中，时步数目为 4×10^4~6×10^4，将雁列区贯通过程覆盖在内。可以发现下列现象：

(1)对于不同的监测单元，在雁列区贯通之前和之后，剪切应变的演变规律大不相同。在雁列区贯通之前，一些单元的剪切应变上升较慢，然后，快速下降。这种现象发生多次，与众所周知的黏滑行为类似。可能地，断层单元强度参数的非均质性是这种现象出现的原因。然而，在雁列区贯通之后，仅观察到剪切应变的小幅度波动。马胜利等(2008)通过试验发现，在雁列区贯通之前，断层内侧各点应变在随时间缓慢增加的背景上伴有准周期性的台阶式下降。这与上述结果基本类似。

(2)对于靠近雁列区的单元，剪切应变下降出现较晚，这表明，事件是从远离雁列区向雁列区迁移。对于雁列区内部的$^\#9$、$^\#12$及$^\#15$单元，剪切应变发生下降，而对于那些位于断层端部前方的$^\#3$和$^\#6$单元，由于在它们附近没有发生破坏的单元，因而没有发生剪切应变下降。马胜利等(2008)通过试验也发现，靠近雁列区的应变释放极为明显。和挤压雁形断层(图 3.37)相比，在雁列区贯通过程中，拉张雁形断层经历了较小的剪切应变下降现象。Aydin 和 Schultz(1990)发现，挤压雁形断层的断层传播能量下降量比拉张雁形断层的更加突出，这支持目前的数值结果。

图 3.39(a～b)给出了左、右断层内侧监测单元的剪切应变的演变规律。由此可以发现下列现象：

(1)在虚线 1 及 1'的位置，剪切应变下降仅发生在左断层内侧，例如，第$^\#23$、$^\#25$监测单元。

(2)在虚线 2 及 2'的位置，剪切应变下降同时发生在两条断层内侧，例如，第$^\#23$、$^\#89$监测单元。

(3)在虚线 3 及 3'的位置，剪切应变下降仅发生在右断层内侧，例如，第$^\#79$监测单元。

(4)在虚线 4 及 4'的位置，剪切应变下降先发生在左断层内侧，后发生在右断层内侧，例如，第$^\#25$、$^\#79$监测单元。

(5)在虚线 5 及 5'的位置，剪切应变先发生下降(在左断层内侧)，然后发生突增(在右断层内侧)，例如，第$^\#27$和第$^\#87$监测单元。

至少，部分现象(左、右断层内侧剪切应变下降同时发生等)应该根源于断层之间的相互影响和作用。两条断层附近的剪切应变的演变规律非常复杂，同步、不同步共存。马瑾等(2002)从剪应力的角度分析了断层相互作用引起的促震和减震效应。从目前的结果看，断层之间的相互作用对于有的部位产生了减震的作用(剪切应变的突然降低)，而对于有的部位产生了促震的作用(剪切应变的突然增加)。

利用图 3.39(a, c)可以分析左断层内、外侧监测单元的剪切应变的演变规律，由此可以发现，通常，这些监测单元的剪切应变都能表现出较好的同步性。例如，在虚线 1 及 1''的位置，当左断层内侧的第$^\#23$、$^\#25$监测单元的剪切应变下降时，左断层外侧的第$^\#55$、$^\#57$监测单元的剪切应变也下降，第$^\#25$、$^\#55$监测单元(编号

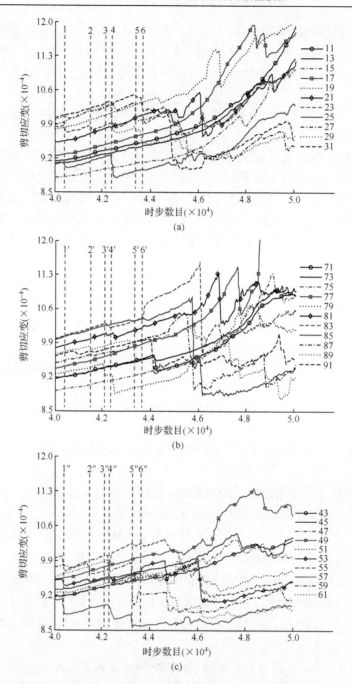

图 3.39　监测单元的剪切应变随着时步数目的演变规律(方案 2)

(a)图为左断层内侧；(b)图为右断层内侧；(c)图为左断层外侧；虚线 1、1' 及 1'' 对应相同的时步数目，依此类推相差 30)的连线刚好垂直于左断层;在虚线 2 及 2″的位置,第#23、#53 监测单元的剪切应变同时表现为下降;在虚线 4 及 4″的位置,第#29、#59 监测单元的剪切应变同时表现为下降,等等。上述计算结果表明,通常,可以仅对断层一侧监测单元的剪切应变进行分析即可了解断层上事件的发生情况。上述结果与马胜利等(2008)的试验结果有所差异。他们发现,在雁列区贯通之前,断层内侧各点应变的释放引起外侧应变的台阶式上升,当雁列区贯通之后,断层内、外侧应变变化才趋于一致。

3.16　剪切应变陡降的时空分布及统计规律

笔者重点关注那些较大的剪切应变下降(简称为剪切应变陡降)发生的地点及迁移规律,以拉张雁形断层为例进行讨论。在图 3.40 中,给出了超过 5×10^{-6} 的剪切应变陡降在不同时段的空间分布规律。如果将上述阈值取得过小,则可能标本各处都有剪切应变陡降;如果取得过高,可能捕捉不到剪切应变陡降。根据经验,上述阈值比较合适。每个时段持续 1000 个时步。第 1 个时段的结果为 $4 \times 10^4 \sim 4.1 \times 10^4$ 个时步之间的结果,依此类推。图 3.41 给出了剪切应变陡降的一些统计结果,分别是剪切应变陡降的的累计(在任一个时段之内,将所有单元的剪切应变陡降量求和)、最大值及发生剪切应变陡降的单元数目。在图 3.40 中,圆圈的半径定量代表剪切应变陡降的大小,剪切应变陡降的比例尺均相同,图 3.40 中各子图的最大剪切应变陡降易于从图 3.41 中看出。

由图 3.40 可以发现,随着时段编号的增加,剪切应变陡降由远及近迁移。也就是说,由远离雁列区的断层附近,向雁列区附近迁移;之后,剪切应变陡降云集在雁列区附近;最终,仅两条断层附近个别位置发生剪切应变陡降。

在 4.4×10^4 个时步之前[第 1～4 个时段,图 3.40(a～b)],在雁列区附近,未观察到剪切应变陡降现象。这意味着雁列区及附近的断层尚未破坏。在远离雁列区的断层附近,剪切应变陡降密集分布,这反映了断层上发生了大量的破坏事件。剪切应变陡降的累计及发生剪切应变陡降的单元数目(二者的演变规律一直类似)在第 4 个时段经历了最高值(图 3.41 中左数第 1 条虚线)。

当达到 4.5×10^4 个时步时[第 5 个时段,图 3.40(c)],左断层附近的剪切应变陡降已逼近雁列区,在右断层端部附近,已观察到剪切应变陡降。

当时步数目在 $4.6 \times 10^4 \sim 4.7 \times 10^4$ 时[第 7 个时段,图 3.40(d)],在雁列区附近,未能观察到剪切应变陡降,雁列区形成了一个空区。此时,左断层附近出现一个全局(第 1～16 个时段)最大的剪切应变陡降,其约为 1.7×10^{-2}(图 3.41)。随后,当时步数目在 $4.8 \times 10^4 \sim 5.0 \times 10^4$ 时[第 9～10 个时段,图 3.40(f～g)],上

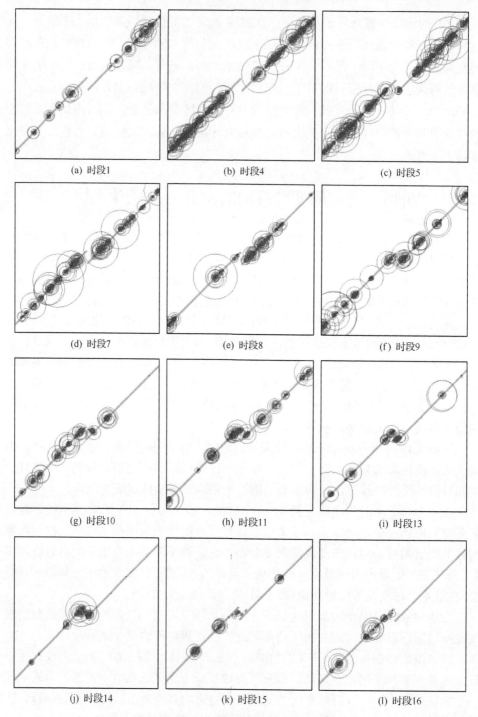

(a) 时段1　　　　　(b) 时段4　　　　　(c) 时段5

(d) 时段7　　　　　(e) 时段8　　　　　(f) 时段9

(g) 时段10　　　　(h) 时段11　　　　(i) 时段13

(j) 时段14　　　　(k) 时段15　　　　(l) 时段16

图 3.40　不同时段的剪切应变陡降的分布

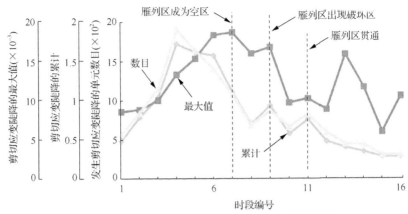

图 3.41　与剪切应变陡降有关的 3 种量的演变规律

述空区消失。此时，雁列区内已出现破坏单元。和第 8 时段的结果相比，第 9 时段的与剪切应变陡降有关的 3 种统计量有所增加(图 3.41 中左数第 2 条虚线)。

当时步数目在 $5.0×10^4～5.1×10^4$ 时［第 11 个时段，雁列区发生贯通，图 3.40(h)］，剪切应变陡降云集在雁列区及附近的断层上，与剪切应变陡降有关的 3 种统计量均不高(图 3.41 中左数第 3 条虚线)。

此后，剪切应变陡降累计及发生剪切应变陡降的单元数不断变少，在特定时段内，仅发生在两条断层的某些特定位置上，这些位置可能具有较高的强度，因而有时剪切应变陡降的最大值并不小。

综合分析图 3.40 可以发现，在 $4.1×10^4$ 个时步之前，在特定时段之内，剪切应变陡降仅发生在某些特定位置上，它们彼此孤立。这应该是断层上少量低强度单元破坏的反映。随后，随着加载的进行，剪切应变陡降明显增加，发生剪切应变陡降的区域连成片，密集地分布在远离雁列区的断层附近。这应该是断层上大量中等强度单元破坏的反映。当雁列区贯通之后，两条断层上某些位置仍可以观察到剪切应变陡降。这应该是断层上少量较高强度单元破坏的反映。

总之，随着加载的进行，包含拉张雁形断层的标本中剪切应变陡降的表现先从平静变得活跃，雁列区曾一度成为空区，随后空区消失。当拉张雁列区贯通之后，剪切应变陡降再一次回归平静。马胜利等(2008)通过试验发现，对于拉张雁形断层，雁列区破坏发生在前，而断层滑动发生在后；雁列区的破坏对断层滑动具有指示作用。在雁列区贯通之前，剪切应变陡降的活跃表现及雁列区之内空区的出现均具有一定的断层失稳前兆意义。由平静到活跃反映了应力或应变的增加而引起的断层上事件越来越多，空区的出现反映了在标本应力或应变的增加过程中，拉张雁列区对断层错动有一定程度的阻碍作用，尽管这种阻碍作用和挤压雁列的相比要小得多。

3.17　雁列区贯通过程中剪切应变陡降的时空分布规律
　　及断层间距的影响

　　由图 3.37 和图 3.38(c)中可以发现，在雁列区贯通过程中，一些监测单元发生了剪切应变陡降。在雁列区贯通过程中，有必要去捕捉标本内剪切应变陡降的时空分布规律，这些规律对更灵敏的前兆的寻找、雁列区贯通过程中甚至在断层失稳之前异常的最佳观测位置的确定都有重要的意义。对于两种典型雁形断层，位于断层端部的一些监测单元在雁列区贯通过程中经历了明显的剪切应变陡降。作为例子，断层端部前方#7 和#9 单元的剪切应变的演变规律分别在图 3.42(a)～图 3.44(a)和图 3.45（a）～图 3.47(a)中给出。在图 3.42(a)～图 3.44(a)中，剪切应变缓慢上升，之后剧烈下降；随后，剪切应变下降得越来越慢，直到不变。这样，在挤压雁列区贯通之前及之后，根据剪切应变的表现，可将其划分为 4 个典型的阶段。第 2 个阶段对应于挤压雁列区的贯通。在图 3.45(a)～图 3.47(a)中，剪切应变的演变规律稍微复杂一些。因此，将其划分为 5 个典型的阶段。在第 3个阶段，拉张雁列区贯通。

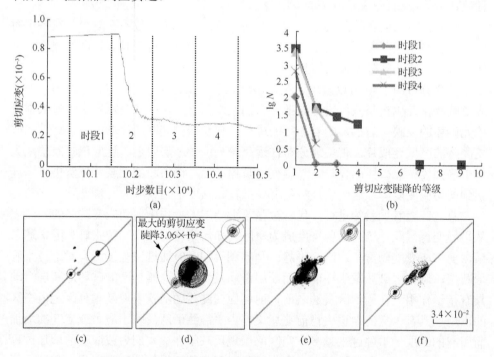

图 3.42　挤压雁列区贯通过程中 4 个时段的剪切应变陡降的分布规律(方案 4)
(c)～(f)中圆的半径代表剪切应变陡降

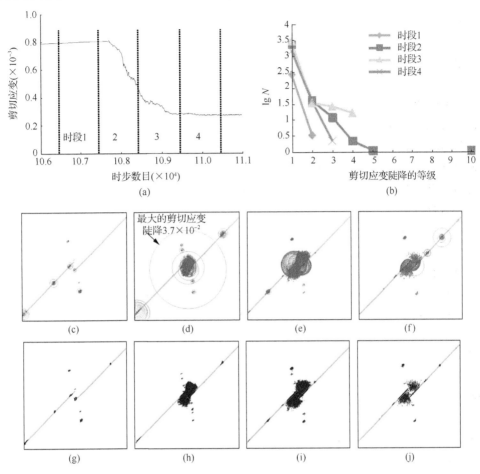

图 3.43　挤压雁列区贯通过程中 4 个时段的剪切应变陡降的分布规律(方案 5)
①(c, g)、(d, h)、(e, i)和(f, j)分别对应于第 1～4 个时段；②(c)～(f)圆的半径代表剪切应变陡降

对于两种典型雁形断层，当断层间距不同时，标本内剪切应变陡降的时空分布规律分别见图 3.42(c)～(f)、图 3.43(c)～(f)、图 3.44(c)～(f)、图 3.45(c)～(g)、图 3.46(c)～(g)及图 3.47(c)～(g)。通过统计，在方案 4～6 中，标本内最大剪切应变陡降量分别为 $3.06×10^{-2}$、$3.7×10^{-2}$ 和 $2.36×10^{-2}$，分别出现在第 2 和第 4 个时段。这些最大的剪切应变陡降的位置见图 3.42(d)、图 3.43(d)和图 3.44(f)。在方案 1～3 中，标本内最大剪切应变陡降分别为 $1.79×10^{-2}$、$1.61×10^{-2}$ 和 $1.22×10^{-2}$，分别出现在第 5、第 1 和第 3 个时段。这些最大剪切应变陡降的位置见图 3.45(g)、图 3.46(c)和图 3.47(e)。在图 3.42～图 3.47 中，剪切应变陡降的比例尺是相同的，仅在图 3.42(f)和图 3.45(g)中被给出。100 个单元的长度，即 0.1m，大致对应于 $3.4×10^{-2}$ 的剪切应变陡降。

在图 3.42(b)～图 3.47(b)中，给出了每个时段的剪切应变陡降的分布规律。对于挤压雁形断层，前文已指出，最大的剪切应变陡降为 3.7×10^{-2}。在 $0\sim3.7\times10^{-2}$，划分了 10 个等级，第 1 个等级在 $0\sim3.7\times10^{-3}$，第 10 个等级在 $3.33\times10^{-2}\sim3.7\times10^{-2}$。在每个等级之内，计算了经历剪切应变陡降的单元数目的对数（$\lg N$）。类似地，对于拉张雁形断层，在 $0\sim1.79\times10^{-2}$，也划分了 10 个等级。若在某个等级之内，没有任何单元经历剪切应变陡降，则无法进行上述计算，因此，没有数据被提供。

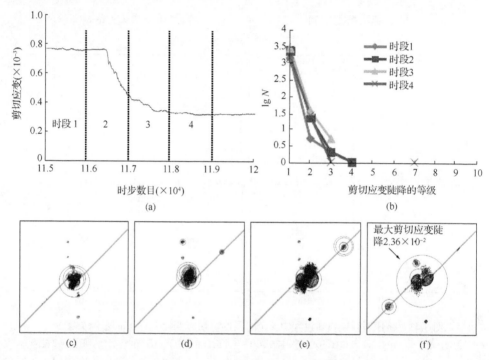

图 3.44　挤压雁列区贯通过程中 4 个时段的剪切应变陡降的分布规律（方案 6）

有关解释同图 3.42

应当指出，仅那些超过 5×10^{-6} 的剪切应变陡降被捕捉。若采用一个极高的阈值，例如，大约 10^{-2}，则几乎捕捉不到任何剪切应变陡降。相反，若采用一个极低的阈值，例如，大约 10^{-7}，则标本各处都将有剪切应变陡降，这会给分析带来困难。为了清晰地揭示出剪切应变陡降的位置，在图 3.43(g)～(j)中仅给出了不同时段内经历剪切应变陡降的单元的空间分布，而未考虑剪切应变陡降的具体大小。

下面，主要介绍方案 2 和方案 5 的结果，也将提及断层间距的影响。

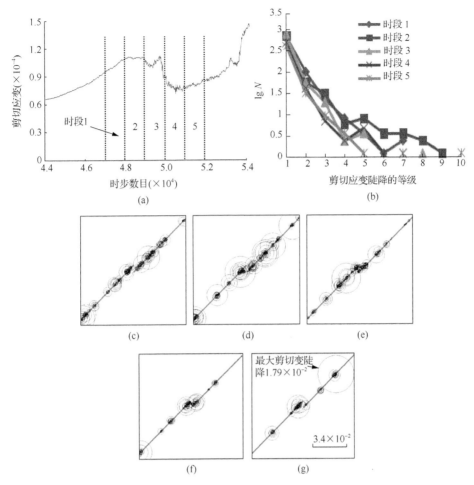

图 3.45　拉张雁列区贯通过程中 5 个时段的剪切应变陡降的分布规律(方案 1)
①(c)～(g)分别对应于第 1～5 个时段；②(c)～(g)圆的半径代表剪切应变陡降

3.17.1　挤压雁形断层的结果 (方案 5)

在第 1 个时段 [图 3.43(b)～(c)和(g)]，在大概 9 个位置，出现了相对小的剪切应变陡降。这些小的剪切应变陡降位于前 2 个等级。大部分剪切应变陡降发生在断层上，而其他的发生在从断层端部发展出的破坏区上。

在第 2 个时段 [图 3.43(b)、(d)和(h)]，许多明显的剪切应变陡降出现在雁列区内部或毗邻的区域，它们位于前 5 个等级及最后一个等级。这些剪切应变陡降的位置与 3.15 节已提及的高应变区域位置相一致，它们被两条断层所包围。在上述位置，许多单元同时发生剪切应变陡降，这是由于雁列区贯通引起了雁列区附近大量能量的释放。这样，在一个相对宽广的区域，出现了明显的剪切应变陡降。

在第 3 个时段［图 3.43(b)、(e) 和(i)］，出现剪切应变陡降的区域的尺寸进一步增加，剪切应变陡降的最大值有所下降。在雁列区附近，仍可观察到剪切应变陡降，它们位于前 4 个等级。

在第 4 个时段［图 3.43(b)、(f) 和(j)］，出现剪切应变陡降的区域的尺寸收缩，它们位于前 3 个等级。令人感兴趣的是，在雁列区中心，没有观察到明显的剪切应变陡降。这意味着雁列区储存的大量弹性应变能的大部分已被释放。在靠近雁列区的断层附近，剪切应变陡降的分布呈梭形［图 3.43(f)］，即两头小中间大。这表明一些单元同时释放剪切应变，且不同位置释放的剪切应变是不同的。

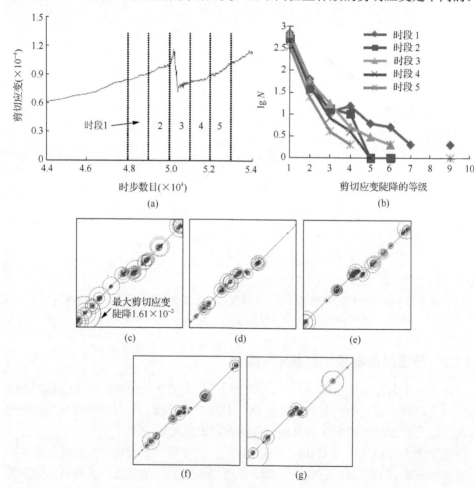

图 3.46　拉张雁列区贯通过程中 5 个时段的剪切应变陡降的分布规律(方案 2)

有关解释同图 3.45

　　另外,在每个时段,在雁列区之外破坏区的前端,可以观察到相对小的剪切应变陡降。然而,和雁列区内部和附近的剪切应变陡降相比,这部分剪切应变陡降可忽略不计。

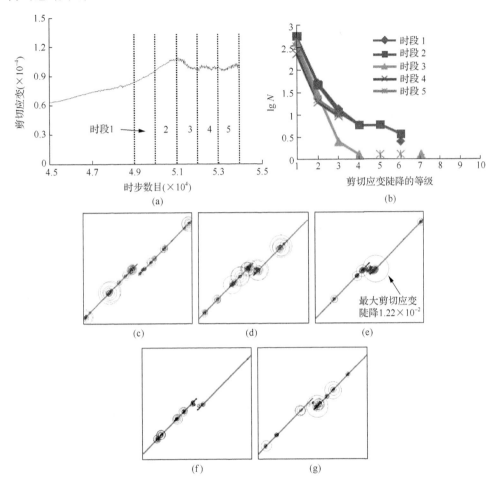

图 3.47　拉张雁列区贯通过程中 5 个时段的剪切应变陡降的分布规律(方案 3)

有关解释同图 3.45

3.17.2　拉张雁形断层的结果 (方案 2)

　　在第 1 个时段 [图 3.46(b)~(c)],除了第 8、第 10 个等级,剪切应变陡降几乎位于所有的等级之内。明显的剪切应变陡降出现在断层附近,这表明具有相对低强度的断层单元发生了破坏。在此阶段,在雁列区内部,未观察到破坏的岩石单元,它们的强度要高于断层单元的强度。

在第 2 个时段 [图 3.46(b) 和 (d)]，在靠近雁列区的断层附近，可以观察到相对小的剪切应变陡降云集，它们落入前 6 个等级。剪切应变陡降从雁列区之外向雁列区之内迁移。在此阶段，在雁列区之内，破坏单元已出现，而雁列区尚未完全贯通。也就是说，贯通的断裂尚未出现。

在第 3 个时段 [图 3.46(b) 和 (e)]，剪切应变陡降位于前 6 个等级之内。剪切应变陡降密集分布在左断层的端部，尽管未观察到更大的剪切应变陡降。而且，它们还出现在断层附近，特别是在标本的两个角。在此阶段，连通两条断层的贯通的破坏区或断裂已经出现。

在第 4 个时段 [图 3.46(b) 和 (f)]，剪切应变陡降位于前 5 个等级之内，雁列区附近处于相对平静状态，剪切应变陡降的分布较为分散。类似的结果在第 5 个时段亦可发现 [图 3.46(b) 和 (g)]。然而，在两条断层附近，可以观察到一些极大的剪切应变陡降。在后两个阶段，由于雁列区的阻碍作用可以忽略，岩块将快速运动。这些极大的剪切应变陡降的发生位置应与断层上强度参数的非均匀分布有关。

3.17.3　断层间距或重叠量的影响

对于具有不同断层间距的挤压雁形断层，大部分剪切应变陡降位于前几个等级之内，且最大的剪切应变陡降比其他的大许多，见图 3.42(b)~图 3.44(b)。然而，对于具有不同断层间距的拉张雁形断层，剪切应变陡降几乎位于所有的等级之内，且剪切应变陡降没有大的差异，见图 3.45(b)~图 3.47(b)。

通常，不同时段的 $\lg N$-剪切应变陡降等级曲线的包络线就像一条马尾 [图 3.42(b)~图 3.47(b)]。在低等级之内，$\lg N$ 没有明显的分散性，但在高等级之内并不如此。当断层间距增加时，马尾形的包络线变得更陡峭，这意味着较大的剪切应变陡降较为稀少。剪切应变陡降的时空分布揭示了相同的现象。

3.18　雁列区贯通过程中 9 种量的统计及断层间距的影响

对于两种典型雁形断层，在雁列区贯通过程中，在不同时段内，对剪切应变陡降的 3 种量，即大于 5×10^{-6} 的剪切应变陡降之和、最大的陡降和发生陡降的单元数目，进行了计算。为了进行比较，与释放的剪切和拉伸应变能有关的 6 种量也同时被给出。在图 3.48 和图 3.49 中，总共给出了 9 种量随着时段编号的演变规律。

在方案 4~6 中，分别从 9.9×10^4~10.4×10^4、8.75×10^4~12.75×10^4 和 11.4×10^4~11.9×10^4 个时步，划分了 80 个时段。在第 31、第 41 及第 61 个时段，雁列区分别贯通。在第 34、第 44 及第 64 个时段，由于雁列区贯通而引起的剪切应变陡降分别出现。

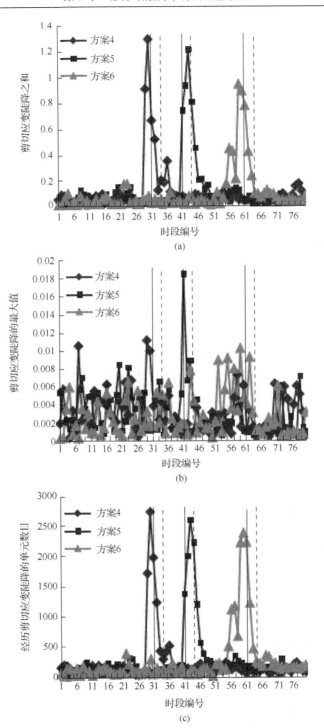

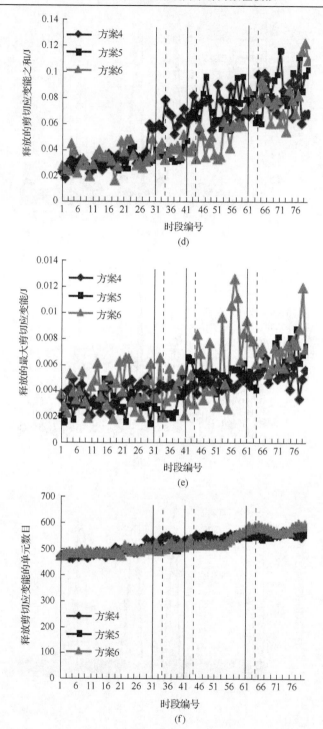

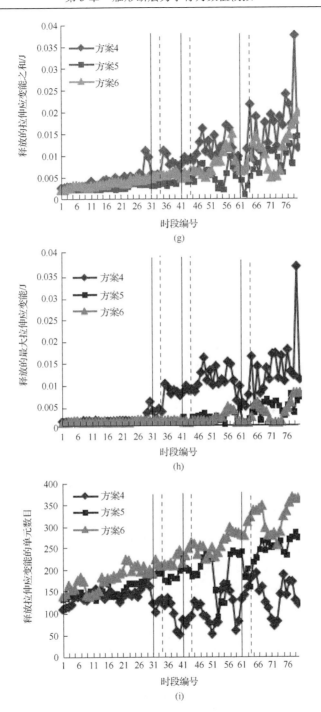

图 3.48　挤压雁列区贯通过程中 9 种量的演变规律

实线对应于雁列区的完全破坏, 而点线对应于由于雁列区贯通而引起的剪切应变陡降的开始

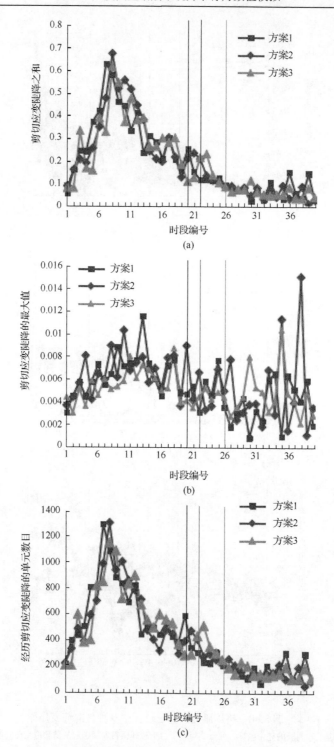

(a)

(b)

(c)

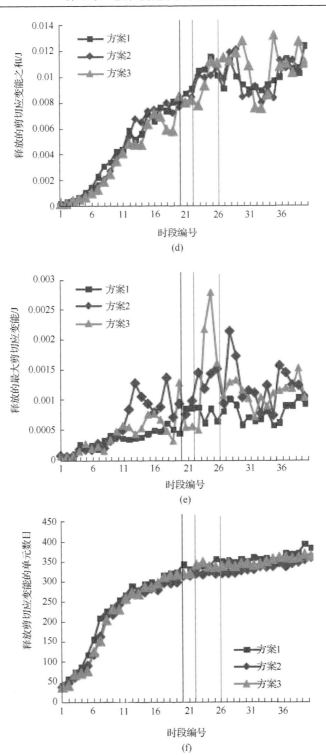

(d)

(e)

(f)

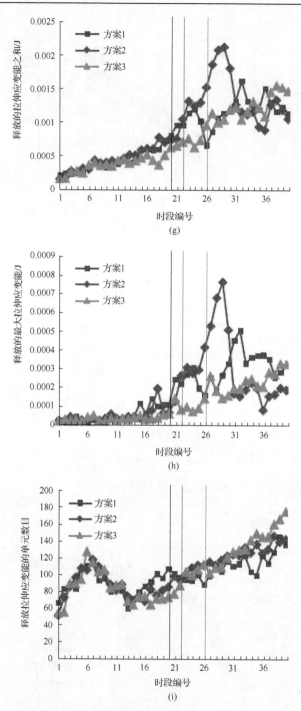

图 3.49　拉张雁列区贯通过程中 9 种量的演变规律
实线对应于雁列区的完全破坏

在方案 1~3 中，分别从 $4.4 \times 10^4 \sim 5.4 \times 10^4$、$4 \times 10^4 \sim 6 \times 10^4$ 和 $4.5 \times 10^4 \sim 5.5 \times 10^4$ 个时步，划分了 40 个时段。在第 20、第 22 及第 26 个时段，雁列区分别贯通。

这里，1 个时段包含 5×10^2 个时步。我们根据经验，选取了一个适当的时步数目，例如，几百个时步数目。这样，所得结果与图 3.48 和图 3.49 中的是类似的。否则，在 1 个时段之内，当时步数目较多时，雁列区贯通的响应可能不易被察觉。而太少的时步数目将由于在 1 个时段之内缺乏足够的剪切应变陡降而引起统计上的困难。

下面，仅分析方案 2 及方案 5 的结果，断层间距的影响也被简短地提及。

3.18.1　挤压雁形断层的结果

在雁列区贯通过程中，与剪切应变陡降有关的 3 种量表现为快速上升 [图 3.48(a)~(c)]，特别是第 1、第 2 种量 [图 3.48(a) 和 (c)]。在雁列区贯通之前或之后，可以观察到相对低的背景值，明显低于在雁列区贯通过程中达到的最大值。在雁列区贯通过程中，与能量有关的 4 种量也表现出了一定的异常 [图 3.48(d)~(e) 和 (g)~(h)]。在图 3.48(d)~(e) 中，雁列区贯通过程中的加速现象较为明显，但不如图 3.48(a) 和 (c) 中的异常明显。例如，通过仔细考查图 3.48(c) 的结果，可以发现，一旦雁列区贯通，经历剪切应变陡降的单元数目增加了背景值(大约 400)的 600%以上。然而，释放的剪切应变能仅增加了背景值(大约 0.043J)的 250%左右 [图 3.48(d)]。在图 3.48(d)~(e) 和 (g)~(h) 中，在雁列区贯通之后，各种结果仍然较高，而剪切应变陡降已回到背景值。确实，从释放能量的单元数目的演变规律中未能观察到异常现象 [图 3.48(f) 和 (i)]。在雁列区贯通过程中，上文已指出，b_0 值下降。但是，b_0 值的下降也不如图 3.48(a) 和 (c) 中的剪切应变陡降明显。

由图 3.48(a) 和 (c) 可以发现，断层间距的增加使剪切应变陡降之和的最大值增加，也使经历剪切应变陡降的单元数目的最大值增加。而且，随着断层间距的增加，雁列区的贯通被延迟了。

3.18.2　拉张雁形断层的结果

在雁形断层贯通过程中，未能观察到 9 种量的明显异常。在雁列区贯通之后，可以观察到一些量的峰值 [图 3.49(d)~(e) 和 (g)~(h)]，这反映了发生在断层上的滑动事件。在此阶段，上文已指出，未观察到 b_0 值的异常。与挤压雁形断层类似，随着断层间距的增加，拉张雁列区的贯通被延迟了。

在雁列区贯通过程中，上述 10 种量未能表现出明显的异常不可能是由于标本 4 角破坏造成的。对于方案 2，在雁列区贯通过程中，未能观察到标本 4 角破坏。图 3.31 中的插图是变形晚期的结果，即 2.2×10^5 个时步时的结果。

3.19　关于剪切应变陡降的讨论

3.19.1　雁列区贯通过程中剪切应变陡降表现灵敏的原因

一个单元的剪切应变陡降来源于储存的弹性应变或能量的突然释放。对于一个破坏单元，在进一步的应变软化过程中，储存的弹性应变将被释放，而塑性应变将大大增加，见图 3.38 和 3.37。由于随着变形的继续，破坏单元的承载力下降，为了在破坏单元与周围未破坏单元之间达到静力平衡，未破坏单元储存的弹性应变能也必须下降。因此，未破坏单元的剪切应变陡降能反映由于单元破坏引起的事件的信息。这为及时且灵敏地探测到事件提供了可能的机会。然而，若采用直接与破坏单元有关的一些量，例如，破坏单元的数目或释放的能量，则因为信息仅局限于少量的破坏单元，异常可能并不明显。相比之下，剪切应变陡降能反映一个破坏单元附近众多未破坏单元的信息。储存的弹性应变能越高，响应将越明显。若破坏单元也经历剪切应变陡降，则其响应也将包括在内。然而，这种情况似乎很少见。

剪切应变陡降的灵敏反映与未破坏单元的数量众多有关。也就是说，对于一个系统，一个输入导致了许多个输出，而若采用传统量(例如，声发射累计数和释放的能量等)，一个输入仅能导致一个输出。基于上述分析，为了灵敏地探测异常，剪切应变陡降与传统量相比具有明显的优势，值得在数值模拟中被使用。

目前的研究并不否认在数值模拟或实际应用中，监测与破坏有关的能量释放的有效性。破坏释放的能量与可探测到的滑动事件的信号紧密相关，当然比剪切应变陡降的意义更加明确。到目前为止，准确地探测包围有限尺寸的破坏区的宽广未破坏区的响应尚未引起足够重视。不过，目前的方法对于增进复杂条件下异常及断层相互作用的理解仍有意义，这是由于在数值模拟中，剪切应变陡降的时空分布规律易于获得。可能地，数字图像相关方法适于实验室中此种有意义的研究。为了提高子区之间的匹配精度，子区的尺寸通常设置为 21×21 像素，甚至达到 64×64 像素(Bhandari and Inoue，2005)。这样，测得的应变是子区内的平均应变。也就是说，由于均匀化，应变场被模糊化。其他的比数字图像相关方法有优势的高精度光学测量技术，例如，激光散斑方法等，可能更适合上述研究。

与式(3.1)类似，根据偏应力张量，也可定义等效剪切应力。目前，FLAC-3D不能显示等效剪切应力的时空分布规律。可以期待，在某种程度上，剪切应力与剪切应变的演变规律是类似的。然而，也会存在一些差异。在进入残余阶段之前，破坏单元的剪切应力将下降，而剪切应变并不如此。这样，未破坏单元和破坏单元的响应将不能被区分出来。相比之下，若采用剪切应变，则不同种单元的响应将有明显的区别，见图 3.37 和图 3.38。

3.19.2　对物理试验中温度场结果的解释

众所周知，温度的变化与应力和应变的变化紧密相关。因此，在某种程度上，有关应变的计算结果可用于解释温度场的物理试验结果。对于挤压雁形断层，刘培洵等(2007)发现，断层内侧的温度高于断层外侧的。马瑾等(2007)发现，挤压雁列区内部温度高，而在拉张雁列区内部则不然。马瑾等(2008)指出，对于拉张雁形断层，平行断层的不同测点的温度变化相当同步，而对于挤压雁形断层，则平行断层的不同测点的温度变化比较复杂，温度变化大。

目前的剪切应变的数值结果(图 3.37 和图 3.38)与上述发现定性吻合。例如，对于挤压雁形断层，断层内侧单元的剪切应变高于断层外侧单元的；挤压雁形断层的剪切应变陡降比拉张雁形断层的更加明显；对于拉张雁形断层，断层两侧不同测点的剪切应变没有大的差异。

3.19.3　探测异常的最佳位置

当然，通过分析释放的剪切或拉伸应变能的时空分布规律，可用于确定大事件的位置。这些位置亦可通过观察未破坏单元的剪切应变陡降反映出来。对于两种典型雁形断层，在雁列区贯通过程中，大事件的位置有所不同。对于拉张雁形断层，大事件可出现在断层的任何位置，这依赖于断层单元强度参数的空间分布。然而，对于挤压雁形断层，大事件将出现在雁列区附近。这里，一旦雁列区贯通，可以观察到极大的剪切应变陡降。与此同时，在毗邻雁列区的断层附近，许多单元也经历剪切应变陡降。

为了捕捉断层失稳前兆，选择合适的异常观测位置尤为重要。正如马瑾等(2012)指出的，在 5°拐折断层的物理试验中，在所有的构造部位都难以观察到断层失稳前兆。换言之，在大部分区域，都没有前兆，前兆性的变化仅能在某些特殊部位被探测到，例如，在拐折点。

对于两种典型雁形断层，马瑾等(2007)认为，最佳的探测断层失稳前兆的位置是雁列区和毗邻的断层。这里，提出一个与之稍微不同的观点。基于目前的模型，上述观点对于挤压雁形断层而言毫无疑问是正确的。然而，对于拉张雁形断层，从剪切应变陡降的时空分布规律上看，或从多种量的演变规律上看，在雁列区贯通过程中，似乎都没有异常。这意味着对于拉张雁形断层，在雁列区贯通过程中，没有明显的异常。因此，异常是否明显将取决于断层的类型。对于挤压雁形断层，连通两条断层的破坏区由剪切和拉伸破坏单元构成，而从断层端部发展出的破坏区仅由拉伸破坏单元构成。然而，对于拉张雁形断层，雁列区内部仅发生拉伸破坏。这些发生拉伸破坏的单元应该不能引起大的剪切应变陡降，且剪切应变陡降主要发生在断层附近。因此，在拉张雁列区贯通过程中，不能探测到明显的异常，这是自然的，也是合理的。

为了确认拉张雁列区是否是雁列区贯通过程中异常甚至是断层失稳前兆的合适探测区域，在未来的数值模型中可能有必要考虑其他因素，例如，依赖于剪切扩容的模型和(或)依赖于孔隙压力的模型(Sammonds et al.，1992；Sibson，1985)。Lei 等(2011)也强调了流体流动的重要性：雁列区可作为地壳中的渗透通道，这样，雁列区将对流体流动较为灵敏。

目前，仅聚焦于雁列区贯通过程的异常，而不是断层失稳前的异常。仅当雁列区贯通之后，由于断层同时失稳导致的标本整体失稳才能发生。拉张雁列区(方案 1～3 中)容易贯通，这一点 3.12 节已指出，在雁列区贯通之后，断层上仅有少量的单元未发生破坏。这些单元具有相对较高的强度。一旦这些单元发生破坏，标本和断层的失稳将出现。在方案 6 中，挤压雁形断层的间距相对较大，在雁列区贯通之后，位移控制加载方向的应力不断下降，这表明标本和断层同时失稳。这意味着在雁列区贯通之后，断层上所有单元都发生了破坏。然而，在方案 4～5 中，断层的间距相对较小，在雁列区贯通之后，应力稍有增加，这表明断层上一些高强度的单元尚未发生破坏。因此，标本的失稳被推迟了。

3.20　结　　论

基于非均质应变软化模型，针对具有不同间距或重叠量的两种典型雁形断层，通过开展平面应变、小变形、双轴压缩、位移控制加载条件下 6 个标本的破坏过程、能量释放的时空分布规律、事件的频次-能量释放关系的斜率绝对值的演变规律、位移反向区的时空分布规律、剪切应变陡降的时空分布及统计规律的数值模拟，尤其关注雁列区的贯通过程，得到了下列结论：

3.20.1　关于雁形断层的变形破坏过程 (方案 2 和方案 5)

(1)两种典型雁形断层的变形破坏过程均表现为 4 个阶段：断层的活化阶段、破坏区扩展及雁列区贯通阶段、全局应力峰之前的硬化阶段及峰后的弱化阶段。

(2)对于拉张雁形断层，在断层的活化阶段之后，雁列区马上就发生贯通，因此，在应力-时步数目曲线上没有观察到明显的变化；雁列区易于贯通；雁列区贯通较早；标本的承载能力较低；岩块的弹性应变能的分布相对均匀，岩块类似于刚体；在雁列区贯通之后，高的最大不平衡力出现，这表明大事件出现在断层上，导致了应力的波动；在雁列区贯通过程中，启动于断层某一位置的破坏区的出现根源于标本应力增加过程中两条断层的相互影响和作用; 在雁列区贯通过程中, 雁列区内部由于发生拉破坏而释放了一定量的拉伸应变能; 在拉张雁列区附近的断层上, 没有较高的剪切应变能被释放出来, 连通两条断层的拉伸破坏区对断层上剪切应变能的释放起到隔断的作用; 由于雁列区内部发生拉破坏, 因而从拉伸应变能释放率-时步数目曲线上能发现雁列区贯通的标志; 在雁列区贯通之前, 拉伸应变能释放率在较低水平上以较小的幅度波动, 在贯通之后则不然。

(3) 对于挤压雁形断层, 新破坏区从断层端部向外扩展到一定程度后, 雁列区才贯通, 连通两条断层端部的破坏区既发生拉破坏, 也发生剪破坏; 在雁列区贯通前, 断层两侧块体的错动始终受到限制, 因而岩块中储存了较多的弹性应变能, 是名副其实的变形体; 在最大不平衡力突增的过程中, 雁列区发生贯通, 引起了标本应力的明显下降, 引起了剪切和拉伸应变能的剧烈释放, 大事件位于雁列区和附近的断层上; 在雁列区贯通之后, 没有新的剪破坏单元出现。

(4) 在两种典型雁形断层的变形破坏过程中, 均观察到了两类事件: 剪切及拉伸应变能释放事件。在雁列区贯通过程中, 释放的弹性应变能主要发生在断层上, 雁列区内部释放的弹性应变能并不大。释放的剪切应变能远大于释放的拉伸应变能。

3.20.2　关于事件的频次-能量释放关系的斜率绝对值的演变规律 (方案 2 和方案 5)

(1) 释放应变能的单元数目的对数与能量释放关系大致呈线性, 尤其是当释放的应变能不是非常高时。释放应变能的单元数目的对数与能量释放之间的关系的斜率绝对值被定义为 b_0 值。

(2) 观察到了 b_0 值的三种不同的表现: 下降、先降后升及不变。b_0 值的下降仅发生在某些特殊阶段。在两种典型雁形断层的断层活化阶段, 均观测到了 b_0 值的下降现象。这种下降现象与应力或应变的增强有关, 应该表现在很大的范围内。对于挤压雁形断层, 在较小的范围内 b_0 值发生了明显的下降, 这主要是由于雁列区内部出现剪切破坏区, 连通了两条断层的端部, 导致了大事件的出现。在挤压雁形断层的破坏区向雁列区之外的扩展阶段和拉张雁形断层的破坏区的扩展及雁列区的贯通阶段, 不能观察到 b_0 值的明显变化, 这主要是由于拉伸破坏区域的出现增加了低能量端的事件数, 低能量端事件数本来就大。在拉张雁形断层的应力峰附近, 观察到了 b_0 值下降之后的回升现象, 这反映了小事件开始变多, 这与余震的表现具有一定的类似性。

(3) 断层系统的结构变化(或出现新的破坏区)不一定能引起 b_0 值的改变, 关键取决于结构变化的类型, 如果结构变化造成了大量的能量释放(例如, 剪切破坏), 才有可能引起 b_0 值的明显变化。根据释放的剪切应变能和应变能计算得到的 b_0 值差异很小。在计算 b_0 值时, 能量等级不应划分得过细, 适当地舍弃一些大事件有利于波动性小的 b_0 值的获得。截断因子建议取为 1/8～1/2, 分级因子建议取为 3～4。

3.20.3　关于位移反向区的时空分布规律 (方案 2 和方案 5)

(1) 对于两种典型雁形断层, 断层内侧平行断层测点的水平位移演变规律存在显著不同, 根源于不同雁形断层不同的变形、破坏及运动模式。

(2) 在两种典型雁形断层雁列区贯通之前, 少量节点已呈现位移反向现象, 反映了变形模式的转变, 具有一定的前兆意义。随着变形的继续, 位移反向区渐趋稳定, 不再发生变化; 发生位移反向的区域的尺寸和标本总体尺寸相比并不占优, 广大区域并未发生位移反向, 位移反向区只集中在特定的位置上。

(3) 两种典型雁形断层的位移反向区的分布及尺度存在重大的差异。挤压雁形断层的位移反向区面积小, 局限于雁列区及附近的断层上, 分布规律简单, 而拉张雁形断层的位移反向区面积大, 分布比较复杂, 临近断层的反向区的尺寸大, 而远离断层的反向区尺寸小, 直至消失。

(4) 应变集中区与位移反向区是否对应, 取决于雁形断层的类型。数值结果较好地解释了实验室及野外观测到的一些前兆偏离现象。

3.20.4　关于剪切应变陡降的时空分布及统计规律以及断层间距的影响

(1) 对于挤压雁形断层, 在一条断层同侧的不同位置和在一条断层的不同侧, 剪切应变的分布大不相同。断层内侧的剪切应变高于外侧的。然而, 对于拉张雁形断层, 在一条断层同侧的不同位置和一条断层的不同侧, 剪切应变并无明显的差异。在定性上, 这些数值结果与利用红外热像仪获得的温度场试验结果相吻合。对于拉张雁形断层, 在同一时刻, 一条断层两侧相对位置的监测单元的剪切应变演变规律比较类似, 但不同断层附近的剪切应变演变规律非常复杂: 有时突增, 有时陡降, 同步、非同步现象共存, 这根源于断层的非均质性及复杂的相互影响和作用。

(2) 对于两种典型雁形断层, 在雁列区贯通过程中, 观察到了剪切应变陡降, 这反映了大事件的出现。在拉张雁列区贯通之前, 观察到了剪切应变陡降由远及近的迁移、雁列区成为空区及空区消失等现象, 这些现象可视为拉张雁列区贯通的前兆。对于拉张雁形断层, 两条断层附近的剪切应变陡降依次表现为平静、活跃及平静, 前后两个平静期与少量低或高强度单元破坏有关, 活跃期与大量中等强度单元破坏有关。相比之下, 挤压雁形断层经历了极大的剪切应变陡降。对于两种典型雁形断层，一旦雁列区贯通，最大的剪切应变陡降出现。剪切应变陡降的时空分布规律揭示了大事件的位置。对于挤压雁形断层，大事件出现在雁列区附近。对于拉张雁形断层，大事件的位置取决于断层单元强度参数的空间分布。

(3)对于挤压雁形断层，与剪切应变陡降有关的两种量一旦雁列区贯通就呈现出突出的变化，这是由于一个储存高弹性应变能的单元的破坏能引起其周围大量未破坏单元的卸载。然而，通常使用的一些量，例如，破坏单元数目和破坏单元释放的能量，仅能反映出破坏单元的信息。因此，采用剪切应变陡降具有非常明显的优势。在拉张雁列区贯通过程中，似乎没有异常。能否探测到异常取决于雁形断层的类型。

(4)断层间距小意味着断层之间的相互作用强烈，导致了下列结果：经历剪切应变陡降的单元数目增加；雁列区贯通容易且早；挤压雁形断层的剪切应变陡降量之和的最大值增加，这意味着断层间距小，则异常变得明显。而且，对于挤压雁形断层，当断层间距大时，标本的失稳于雁列区贯通之后立即发生。对于拉张雁形断层，随着断层间距的增加，雁列区贯通过程中释放的剪切应变能提高，但对释放的拉伸应变能的影响并不明确，断层间距与可探测到的异常似乎没有什么关系。

(5)对于挤压雁形断层，发生剪切应变陡降的区域不局限于雁列区内部，且不能跨断层发展。因此，这些区域可被选作雁列区贯通过程中最佳的异常观测区域。然而，对于拉张雁形断层，雁列区不一定是最佳的异常观测区域，这是由于剪切应变陡降出现在断层附近。这一结果与通常的观点(两种雁列区都是探测异常的最佳区域)不一致。不过，目前的数值模型未考虑剪切扩容和孔隙压力。

参 考 文 献

陈俊达, 马少鹏, 刘善军, 等. 2005. 应用数字散斑相关方法实验研究雁列断层变形破坏过程. 地球物理学报, 48(6): 1350-1356.
陈棋福. 2002. 中国震例(1995—1996). 北京: 地震出版社.
陈顺云, 刘力强, 马胜利, 等. 2005. 构造活动模式变化对 b 值影响的实验研究. 地震学报, 27(3): 317-323.
蒋海昆, 马胜利, 张流, 等. 2002. 雁列式断层组合变形过程中的声发射活动特征. 地震学报, 24(4): 385-396.
雷兴林, 佐藤隆司, 西泽修. 2004. 花岗岩变形破坏的阶段性模型——应力速度及预存微裂纹密度对断层形成过程的影响. 地震地质, 26(3): 436-449.
刘力强, 马胜利, 马瑾, 等. 2001. 不同结构岩石标本声发射 b 值及频谱的时间扫描及其物理意义. 地震地质, 23(4): 481-492.
刘力强, 马胜利, 马瑾, 等. 1999. 岩石构造对声发射统计特征的影响. 地震地质, 214: 377-386.
刘培洵, 刘力强, 陈顺云, 等. 2007. 实验室声发射三维定位软件. 地震地质, 29(3): 674-679.
马瑾, Sherman S I, 郭彦双. 2012. 地震前亚失稳应力状态的识别——以 5° 拐折断层变形温度场演化的实验为例. 中国科学:地球科学, 42(5):633-645.

马瑾, 刘力强, 刘培洵, 等. 2007. 断层失稳错动热场前兆模式: 雁列断层的实验研究. 地球物理学报, 50(4): 1141-1149.

马瑾, 刘力强, 马胜利. 1999. 断层几何与前兆偏离. 中国地震, 15(2): 106-115.

马瑾, 马少鹏, 刘培洵, 等. 2008. 识别断层活动和失稳的热场标志——实验室的证据. 地震地质, 30(2): 363-382.

马瑾, 马胜利, 刘力强, 等. 2000. 交叉断层的交替活动与块体运动的实验研究. 地震地质, 22(1): 65-73.

马瑾, 马胜利, 刘力强, 等. 2002. 断层相互作用型式的实验研究. 自然科学进展, 12(5): 503-508.

马瑾. 2010. 地震机理与瞬间因素对地震的触发作用——兼论地震发生的不确定性. 自然杂志, 32(6): 311-313,318.

马胜利, 陈顺云, 刘培洵, 等. 2008. 断层阶区对滑动行为影响的实验研究. 中国科学, 38(7): 842-851.

马胜利, 邓志辉, 马文涛, 等. 1995. 雁列式断层变形过程中物理场演化的实验研究(一). 地震地质, 17(4): 327-335.

马胜利, 蒋海昆, 扈小燕, 等. 2004a. 基于声发射实验结果讨论大震前地震活动平静现象的机制. 地震地质, 26(3): 426-435.

马胜利, 雷兴林, 刘力强. 2004b. 标本非均匀性对岩石变形声发射时空分布的影响及其地震学意义. 地球物理学报, 47(1): 127-131.

马胜利, 马瑾, 刘力强. 2002. 地震成核相的实验证据. 科学通报, 47(5): 387-391.

马胜利, 马瑾. 2003. 我国实验岩石力学与构造物理学研究的若干新进展. 地震学报, 25(5): 453-464.

梅世蓉. 1985. 地震前兆的地区性. 中国地震, 1(2): 17-23.

Atkinson B K. 1984. Subcritical crack growth in geological materials. Journal of Geophysical Research,. 89: 4077-4114.

Aydin A, Schultz R A. 1990. Effect of mechanical interaction on the development of strike-slip faults with echelon patterns. Journal of Structural Geology, 12(1): 123-129.

Ben-zion Y, Rice J R. 1995. Slip patterns and earthquake populations along different classes of faults in elastic solids. Journal of Geophysical Research, 100: 12959-12983.

Bhandari A R, Inoue J. 2005. Experimental study of strain rates effects on strain localization characteristics of soft rocks. Soil and Foundation, 45: 125-140.

Bomblakis E G. 1973. Study of the brittle fracture process under uniaxial compression. Tectonophysics, 18: 261-270.

Dalguer L A, Irikura K, Riera J D. 2003. Generation of new cracks accompanied by the dynamic shear rupture propagation of the 2000 Tottori (Japan) earthquake. Bulletin of the Seismological Society of America, 93(5): 2236-2252.

Day S M, Dalguer L A, Lapusta N, et al. 2005. Comparison of finite difference and boundary integral solutions to three-dimensional spontaneous rupture. Journal of Geophysical Research, 110: B12307.

De Joussineau G, Petit J P, Gauthier B D M. 2003. Photoelastic and numerical investigation of stress distributions around fault models under biaxial compressive loading conditions. Tectonophysics, 363: 19-43.

Du Y, Aydin A. 1991. Interaction of multiple cracks and formation of echelon crack arrays. International Journal for Numerical and Analytical Methods in Geomechanics, 15(3): 205-218.

Du Y, Aydin A. 1993. The maximum distortional strain energy density criterion for shear fracture propagation with applications to the growth paths of en echelon faults. Geophysical Research Letters, 20: 1091-1094.

Du Y, Aydin A. 1995. Shear fracture patterns and connectivity at geometric complexities along strike-slip faults. Journal of Geophysical Research, 100: 18093-18102.

Dyskin A V, Germanovich L N. Ustinov K B. 1999. 3-D model of wing crack growth and interaction. Engineering Fracture Mechanics, 63(1): 81-110.

Ewy R T, Cook N G W. 1990. Deformation and fracture around cylindrical openings in rock——II. Initiation, growth and interaction. International Journal of Rock Mechanics and Mining Sciences, 27(5): 409-427.

Harris R A, Day S M. 1993. Dynamic of fault interaction: parallel strike-slip faults. Journal of Geophysical Research, 98(B3): 4461-4472.

Hok S, Campillo M, Cotton F et al. 2010. Off-fault plasticity favors the arrest of dynamic ruptures on strength heterogeneity: two-dimensional cases. Geophysical Research Letters, 37: L02306.

Horii H, Nemat-Nasser S. 1985. Compression-induced microcrack growth in brittle solids: axial splitting and shear failure. Journal of Geophysical Research, 90(B4): 3105-3125.

Lei X L, Xie C, Fu B. 2011. Remotely triggered seismicity in Yunnan, southwestern China, following the 2004 Mw9.3 Shmatra earthquake. Journal of Geophysical Research,116: B08303.

Lei X, Kusunose K, Rao M V M S, et al. 2000. Quasi-static fault growth and cracking in homogeneous brittle rock under triaxial compression using acoustic emission monitoring. Journal of Geophysical Research, 105 (B3): 6127-6139.

Lockner D A, Byerlee J D, Kuksenko V, et al. 1991. Quasi-static fault growth and shear fracture energy in granite. Nature, 350(7): 39-42.

Ma J, Du Y, Liu L, et al. 1986. The instability of en-echelon cracks and its precursors. Journal of Physics of the Earth, 34(Suppl.): s141-s157.

Ma J, Ma S P, Liu L, et al. 2010. Experimental study of thermal and strain fields during deformation of en echelon faults and its geological implications. Geodynamics & Tectonophysics, 1: 24-35.

Main I G, Meredith P G, Sammonds P R. 1992. Temporal variation in seismic event rate and b-values from stress corrosion constitutive laws. Tectonophysics, 211: 233-246.

Meredith P G, Main I G, Jones C. 1990. Temporal variation in seismicity during quasi-static and dynamic rock failure. Tectonophys, 175, 249-268.

Mogi K. 1967. Earthquakes and fractures. Tectonophys, 5: 35-55.

Ohlmacher G C, Berendsen P. 2005. Kinematics, mechanics, and potential earthquake hazards for faults in Pottawatomie County, Kansas, USA. Tectonophysics, 396: 227-244.

Palusznya A, Matthäib S K. 2009. Numerical modeling of discrete multi-crack growth applied to pattern formation in geological brittle media. International Journal of Solids and Structures, 46: 3383-3397.

Saimoto A, Imai Y, Hashida T. 2003. The genesis of echelon-mode-I cracks in the neighbourhood of a mode-II-crack tip under uniaxial compression. Key Engineering Materials, 251-252: 327-332.

Sammonds P R, Meredith P G, Main I G. 1992. Role of pore fluids in the generation of seismic precursors to shear fracture. Nature, 359(17): 228-230.

Scholz C H. 1968. The frequency-magnitude relation of microfracuring in rock and its relation to earthquakes. Bulletin of the Seismological Society of America, 58: 399-415.

Scholz C H. 1998. Earthquakes and friction laws. Nature, 391(1): 37-42.

Schorlemmer D, Wiemer S, Wyss M. 2005. Variations in earthquake-size distribution across different stress regimes. Nature, 437: 539-542.

Segall P, Pollard D D. 1980. Mechanics of discontinuous faults. Journal of Geophysical Research, 85(B8): 4337-4350.

Shen B, Stephansson O, Einstein H H, et al. 1995. Coalescence of fractures under shear stresses in experiments. Journal of Geophysical Research, 100(B4): 5975-5990.

Sibson R H. 1985. Stopping of earthquake ruptures at dilatational jogs. Nature, 316: 248-251.

Swanson M T. 1990. Extensional duplexing in the York Cliffs strike-slip fault system, southern coastal Maine. Journal of Structural Geology, 12, 499-512.

Tchalenko J S, Ambraseys N N. 1970. Structural analysis of Dasht-e Bayaz (Iran) earthquake fractures. Geological Society of America Bulletin, 81(1): 41-60.

Thomas A L, Pollard D D. 1993. The geometry of echelon fractures in rock: implications from laboratory and numerical experiments. Journal of Structural Geology, 15(3-5): 323-334.

Wang X B. 2005. Joint inclination effect on strength, stress-strain curve and strain localization of rock in plane strain compression. Materials Science Forum, 495-497: 69-74.

Wang X B. 2007. Effects of post-peak brittleness on failure and overall deformational characteristics for heterogeneous rock specimen with initial random material imperfections. International Workshop of 5th Computational Mechanics in Geotechnical Engineering. London: Taylor & Francis Group (Balkema), 65-76.

Wesnousky S G. 2006. Predicting the endpoints of earthquake ruptures. Nature, 444: 358-360.

Zachariasen J, Sieh K. 1995. The transfer of slip between two en echelon strike-slip faults: a case study from the 1992 Landers earthquake, southern California. Journal of Geophysical Research, 100(B8): 15281-15301.

第4章 Z字形断层力学行为数值模拟

Z字形或反Z字形断层构造在野外是存在的。马瑾等(2010)指出，从贝加尔到中国西北地区发育两组断层系，一组为近东西向，另一组为NNW(西西北)向，这两组断层向西一直发育到西部新疆地区。贝加尔南侧东西向断层与东昆仑东西向断层间有一条走向为NNW的大型断层把它们连接起来，形成一个反Z字形断层组合。Sherman(2009)指出，目前，在贝加尔断裂系统中，可能识别出4组基本的激发波，它们具有不同的时间周期和速度，激发了不同长度和方向上的活动断层，其中第1组为拉伸波，第4组为压缩波。第1组波使中亚地区受到拉伸作用。

为了研究包含Z字形断层的标本的破坏过程和失稳前兆，本章主要从以下4个方面开展了数值模拟研究工作：①研究了标本的变形破坏过程，并比较了断层上的剪切和拉伸破坏区分布规律的差异，通过计算标本整体的 b_0 值，研究了标本的失稳前兆；②通过统计一些与剪切应变陡降和能量释放有关的量的演变规律，以寻找标本整体失稳的灵敏前兆，研究发现，与剪切应变陡降有关的两种量在标本整体失稳稍前及应力急剧下降过程中，处于高值，显著地区别于此前及此后的低背景值；③通过统计各条断层上与剪切和拉伸破坏有关的6种量的演变规律，研究了各条断层的活动顺序和相互作用规律，研究发现，从断层C上正在释放的剪切应变能及正在释放的最大剪切应变能的演变规律上，能发现 b_0 值缺失的标志；④将释放弹性应变能的相互连通的破坏单元定义为一个事件，以考虑事件的尺寸，通过统计各条断层上事件的数目、事件释放的能量的最大值、事件的最大尺寸、大事件释放能量之和、大事件的数目之和、大事件的尺寸之和和标本中事件的 b_0 值的演变规律，研究了标本的破坏过程和各条断层的活动规律，并比较了基于事件和单元统计的结果的区别和联系。

4.1 计算模型及参数取值

图4.1给出了包含Z字形断层的标本及加载条件，标本的尺寸为 $0.3m \times 0.3m \times 0.001m$，被剖分成尺寸相同的 9×10^4 个立方体单元，其中断层单元3312个。标本中有4条断层，其中3条构成Z字形断层(图4.1)。断层 A、B、C 及 D 的断层面与水平方向的夹角分别为 $30°$、$30°$、$30°$ 及 $60°$。上述模型是以 Sherman(2009)和马瑾等(2010)的研究为依据建立的，但标本的尺寸并非实际尺寸。

首先，在静水压力 $\sigma_1 = \sigma_3 = -5\text{MPa}$ 条件下，进行计算 [图 4.1(a)]，阻尼力由 FLAC-3D 自行施加。迭代 2×10^4 个时步之后，节点的最大失衡力已经足够小，说明标本已经达到了静力平衡状态。然后，在标本的左、右边界施加足够小的、相反的速度 $v = 2.5 \times 10^{-10}\text{m/时步}$ [图 4.1(b)]，即在水平方向上进行准静态拉伸位移控制加载 ($\sigma_1 = -5\text{MPa}$)，计算出速度加载端的平均应力 σ_3。

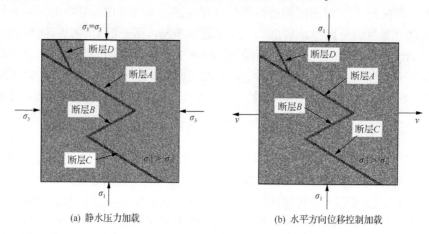

(a) 静水压力加载   (b) 水平方向位移控制加载

图 4.1　包含 Z 字形断层的标本及加载条件

计算中，断层单元和岩石单元都服从带有拉伸截断的应变软化莫尔–库仑模型。弹性模量、黏聚力和抗拉强度都服从 Weibull 分布，非均质性参数 $m = 9$。岩石单元和断层单元的泊松比分别取为 0.25 和 0.2，弹性模量的均值分别取为 55GPa 和 5.1GPa，黏聚力的均值分别取为 37.5MPa 和 5MPa，抗拉强度的均值分别取为 24MPa 和 1.2MPa，初始内摩擦角分别取为 50° 和 10°，扩容角均取为 0°。其余参数同第 3 章。

4.2　结果分析及讨论

4.2.1　破坏过程

图 4.2(a) 给出了包含 Z 字形断层的标本的位移控制加载方向的平均应力 ($-\sigma_3$)-时步数目曲线及节点的最大失衡力-时步数目曲线的计算结果。在图 4.2 中，用不带箭头的虚线和带箭头的虚线分别标明了应力峰及峰后应力的陡然下降点，二者之间与短临阶段相对应。图 4.2(b) 给出了从 $11 \times 10^4 \sim 14 \times 10^4$ 个时步标本的平均应力-时步数目曲线的放大图。由此可以发现：

刚开始加载时，速度加载端的平均应力为-5MPa；稍后，平均应力上升比较快，致使平均应力-时步数目曲线呈上凸现象；随后，该曲线的斜率趋于定值。

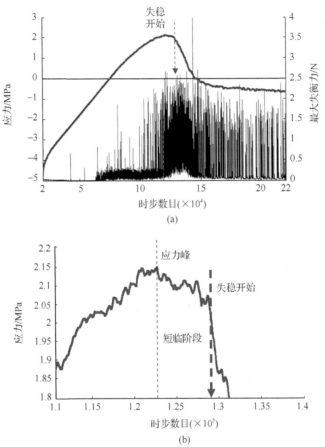

图 4.2　平均应力-时步数目曲线及节点的最大失衡力–时步数目曲线(a)及应力峰附近的
平均应力–时步数目曲线(b)

在大约 7.5×10^4 个时步之时，平均应力已由负值变为正值，这表明标本速度加载端的平均应力已成为拉应力。继续加载，平均应力-时步数目曲线开始向下弯曲，即又呈现上凸现象。随后，平均应力达到最高点。然后，平均应力开始下降。当时步数目达到 14×10^4 时，平均应力下降开始变慢，即平均应力-时步数目曲线越来越平缓，这表明标本已接近进入残余变形阶段，残余应力为压应力，这一点似乎是难以理解的。实际上，当水平方向的拉应力降至很低(接近于零)时，标本将在 σ_1 的驱动下在水平方向上运动，标本内部的断层相应地错动，因而标本速度加载端的平均应力可以成为压应力。

总体上，标本的平均应力-时步数目曲线包括 5 个典型阶段：①上凸阶段，此阶段与位移控制加载有关。②直线阶段，即线性稳态阶段(马瑾，2012)。在此阶段发生位移强化及应力累积。③上凸阶段，即偏离线性稳态阶段(马瑾，2012)。

预示局部应力开始释放，总体上仍表现为应力累积阶段。④软化阶段，为亚失稳阶段和失稳滑动阶段(马瑾，2012)。⑤残余阶段，即调整阶段(马瑾，2012)。

图 4.2(b)为应力峰及附近的放大结果。由图 4.2(b)可见，在应力峰之前，平均应力呈现非线性上升特点，但有许多应力降，应力降的幅度比应力峰之后的小。

图 4.2(b)中，带箭头的虚线为平均应力突然下降的时刻，该时刻标志着标本整体失稳的开始，标本整体失稳是断层失稳错动造成的。

在应力峰至标本失稳开始时刻之间，总体上平均应力是下降的，但存在局部的上升和下降，应力降尽管比应力峰之前的大，但远小于标本整体失稳之后的应力降。这一阶段应对应于地震的短临阶段或亚失稳阶段(马瑾，2012)。观察短临阶段平均应力的变化规律可以发现，在大约前 2/3 阶段(亚失稳 I 阶段)，应力降的幅度不太大，尽管应力释放，但并不占优；在后 1/3 阶段(亚失稳 II 阶段)，存在较大的应力降，表明应力释放开始占优势。

图 4.3(a～d)、(e～h)分别给出了不同时步数目时破坏区(包括拉伸和剪切破坏区)及剪切破坏区的分布规律。由此可以发现，在断层各处，几乎都发生了拉伸破坏，但是剪切破坏区还未彻底连通，呈现出断续的特征。这说明，在各条断层上，还有一些区段未发生剪切破坏，这些区段将来可能剪切破坏。

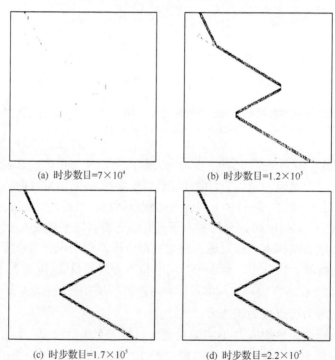

(a) 时步数目=7×10⁴　　　　　　　(b) 时步数目=1.2×10⁵

(c) 时步数目=1.7×10⁵　　　　　　(d) 时步数目=2.2×10⁵

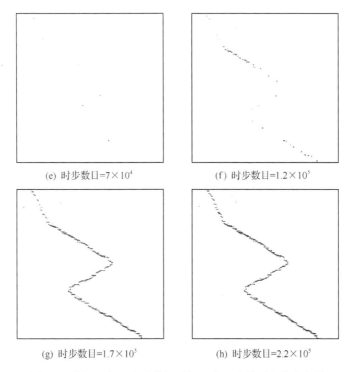

　　　　　(e) 时步数目=7×10⁴　　　　　　　　　　(f) 时步数目=1.2×10⁵

　　　　　(g) 时步数目=1.7×10⁵　　　　　　　　　(h) 时步数目=2.2×10⁵

图 4.3　破坏区(a~d)及剪切破坏区(e~h)的时空分布规律

4.2.2　能量释放的时空分布规律

　　将 $8×10^4$～$2.2×10^5$ 个时步均分为 70 个时段。图 4.4 给出了不同时段内两种能量（拉伸应变能及剪切应变能）释放的分布规律，粗实线代表释放的拉伸应变能，细实线代表释放的剪切应变能，圆圈半径代表释放的能量。由图 4.2(b)可以发现，应力峰所对应的时步数目大致为 $1.22×10^5$，对应于第 21~22 个时段；失稳开始发生于 $1.28×10^5$～$1.29×10^5$ 个时步，在第 25 个时段之内。在此之前，即在第 23 个时段（短临阶段），观察到的各种异常与失稳的前兆有关。

　　由图 4.4 可以发现，包含 Z 字形断层的标本的变形破坏过程包括 5 个阶段：

　　(a)在第 17 个时段之前，拉伸破坏释放的能量较高，这一阶段对应于长期阶段。

　　(b)在第 19~21 个时段，在拐折点（断层 D 与 A 形成了一种拐折的断层结构）附近的断层 A 上，剪切破坏单元释放能量的现象开始变得活跃，为标本整体的失稳创造了条件。在第 21 个时段时，标本的平均应力达到了应力峰值，这一阶段应该对应于短期阶段。

　　(c)在第 23 个时段，断层 C 上出现了大事件，断层 B 上也开始释放能量，这应视为标本失稳的前兆，因为第 23 个时段对应于标本的短临阶段。

(d) 在第 25～29 个时段，在各条断层上开始集中释放能量和剪切应变，尤其是在平直的断层 C 上及在中间的断层 B 上，这一阶段对应于失稳阶段。

(e) 在第 31 个时段之后，在各条断层上，尽管也释放了较多的能量，但最大值却较小，这一阶段对应于失稳后阶段。

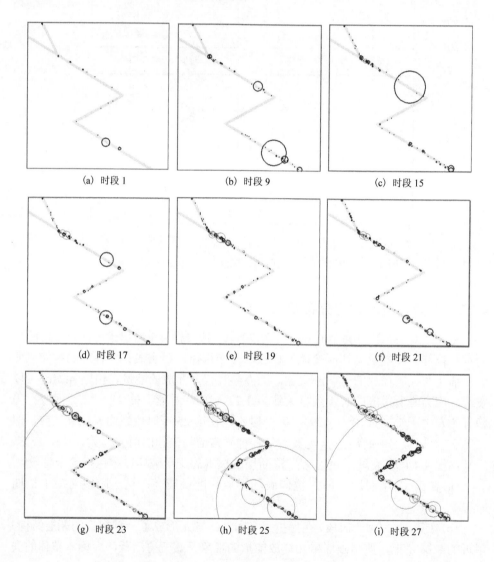

(a) 时段 1　　　　　　　　(b) 时段 9　　　　　　　　(c) 时段 15

(d) 时段 17　　　　　　　　(e) 时段 19　　　　　　　　(f) 时段 21

(g) 时段 23　　　　　　　　(h) 时段 25　　　　　　　　(i) 时段 27

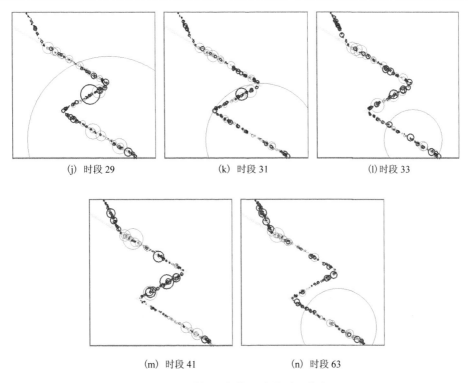

(j)　时段 29　　　　　　　(k)　时段 31　　　　　　　(l)时段 33

(m)　时段 41　　　　　　　(n)　时段 63

图 4.4　弹性应变能释放的时空分布

4.2.3　标本整体 b_0 值的演变规律

将 $8 \times 10^4 \sim 2.2 \times 10^5$ 个时步平均分为 70 个时段。图 4.5 给出了由单元剪切和拉伸破坏释放的能量之和计算得到的 b_0 值。仍然用虚线标出了失稳开始对应的时段。

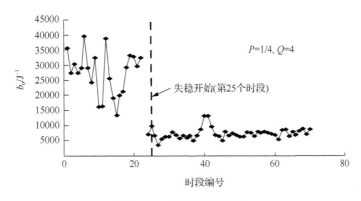

图 4.5　b_0 值的演变规律

由图 4.5 可以发现，在失稳开始之前，b_0 值已经由高值下降到较低的值，而且在第 23 个时段，b_0 值出现缺失，这是由于在这一时段，释放能量大的单元多而释放能量小的单元少，致使频次-能量释放关系不是单调下降的，因而无法计算出 b_0 值。

4.2.4　各条断层上 b_0 值的分别统计结果

在 4.2.3 节，计算 b_0 值时，对标本内部的所有破坏单元释放的能量进行了统计。本节将 $8 \times 10^4 \sim 14 \times 10^4$ 个时步均分为 300 个时段。分别对各条断层上破坏单元释放的能量进行统计。为了统计方便，将断层 A 和 D 上破坏单元释放的能量统计在一起。因此，只有 3 个统计结果。

图 4.6(a～c)分别给出了断层 C、B、及 $A+D$ 上由破坏单元释放的能量计算得到的 b_0 值的统计结果。在进行数据统计时，截断参数 P 取为 1/4(保留小于最大值 1/4 的数据)、分级参数 Q 取为 4(将这些剩下的数据分为 4 级)。

可以发现，断层 C 的 b_0 值演变规律不同于断层 B 和 $A+D$ 的。在图 4.6(a)中，在第 221～240 个时段范围内，b_0 值出现缺失，此后，b_0 值处于较低的水平上。而图 4.6(b～c)显示，b_0 值波动的幅度随着时段编号的增加而降低，未观察到明显的或突然的变化。这应该与断层 C 比较平直，且位于标本的一侧有关，它更容易发生错动。断层 B 位于标本的中部，不易于错动。断层 A 和 D 尽管也位于标本的一侧，但是发生了交汇(形成了一种拐折的断层结构)，也不易于错动。在断层 A 的一个局部区段上，即断层 A 与 D 交汇点之左的部分，没有任何事件发生，见图 4.4，因此，断层 A 和 D 确实形成了一种拐折断层结构，这是由于受标本两侧拉伸的位移控制加载的限制，断层两侧具有基本相同的位移，因而难以错动。

在图 4.6(a)中的第 221～240 个时段范围内，b_0 值出现缺失现象。应当指出，目前，分级参数取 $Q=4$，而截断参数取 $P=1/4$。又选取其他参数进行了计算，结果见图 4.7(a～b)。由此可见，当 $Q=8$、$P=1/4$ 时，尽管 b_0 值的缺失现象出现的次数变少，但是仍然存在。

由图 4.6(a)、图 4.7 可以发现，b_0 值大概在第 220 个时段发生大幅跌落，第 220 个时段对应于标本平均应力-时步数目曲线的哪里呢？220 个时段所需要的时步数目为 4.4×10^4，由于是从 8×10^4 个时步开始计算 b_0 值的，因此，第 220 个时段的时步数目下限为 12.4×10^4。4.2.2 节已经指出，失稳开始发生于 $12.8 \times 10^4 \sim 12.9 \times 10^4$ 个时步(图 4.2(b)中的失稳开始)；而应力峰大致位于 12.2×10^4 个时步。因此，第 220 个时段位于应力峰及失稳开始之间。在第 220 个时段，b_0 值发生突然的大幅度下降意味着大事件的突然增多，这预示着在断层 C 上，失稳马上就要发生。因此，失稳的前兆是有的，而且比较明显。

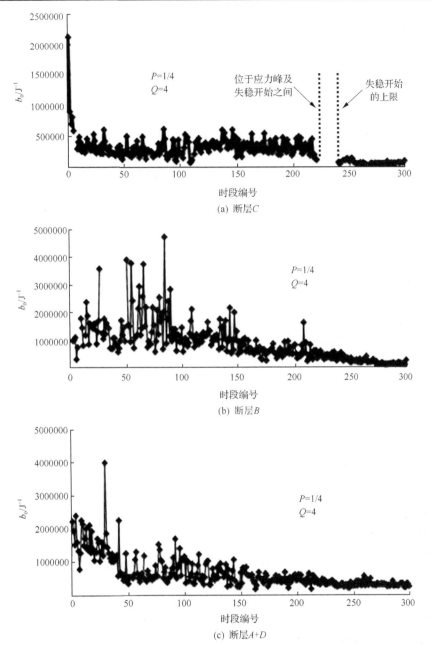

图 4.6　断层上 b_0 值的演变规律

在图 4.6(a) 中，b_0 值缺失之后恢复(不再缺失)的时段大致为第 240 个时段，第 240 个时段对应于标本平均应力-时步数目曲线的哪里呢？240 个时段所需要的时步数目为 4.8×10^4，由于是从 8×10^4 个时步开始计算 b_0 值的，因此，第 240 个时段的时步数目下限为 12.8×10^4。有趣的是，这刚好是失稳开始的上限。

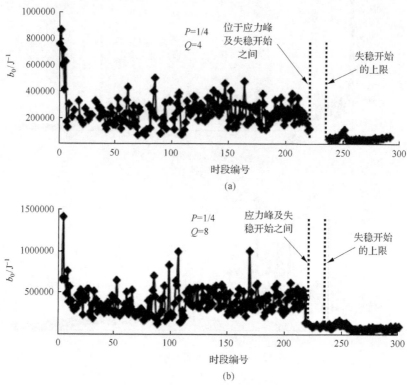

图 4.7　断层 C 上 b_0 值的演变规律

4.2.5　剪切应变陡降的时空分布规律

将 $8 \times 10^4 \sim 22 \times 10^4$ 个时步划分为 70 个时段。图 4.8 给出了剪切应变陡降在不同时段的分布规律，圆圈代表剪切应变陡降。本章仅统计了超过 5×10^{-6} 的剪切应变下降(称之为剪切应变陡降)。

在第 1～13 个时段 [图 4.8(a, b)]，剪切应变陡降量较小，零星地分布在除断层 A 上靠近本左端面的局部区段外的各条断层上。在第 1 个时段时，标本所受的平均应力尚处于线性阶段，在第 13 个时段时，平均应力早已进入非线性阶段，即应力峰之前的上凸阶段。

在第 15～19 个时段 [图 4.8(c～e)]，剪切应变陡降量明显增大，主要集中在断层 A、C 上，特别是在断层 A 与 D 相交汇的位置。显然，断层 A 与 D 形成了一种拐折结构。拐折部位的破坏为其他部位的破坏创造了条件。由图 4.4(c)可以发现，在断层 A 上有一个单元释放了较高的拉伸应变能；此外，在拐折部位可以发现一些单元释放能量。在第 19 个时段，标本所受平均应力已接近应力峰。

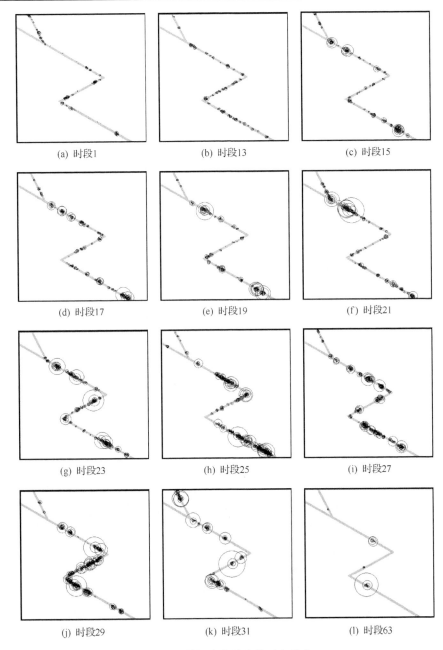

图 4.8　剪切应变陡降的时空分布

在第 21 个时段 [图 4.8(f)]，标本的平均应力已处于应力峰附近，许多发生剪切应变陡降的单元云集于断层 A 与 D 的拐折部位，这一位置即将完全破坏。

在第 23 个时段 [图 4.8(g)]，标本的平均应力已处于短临阶段。此阶段观察到的各种现象应与标本整体失稳的前兆有关。发生剪切应变陡降的单元已发生在断层 B 上，这是此前少见的现象。中间断层 B 的破坏或错动，导致了标本的整体失稳。由图 4.4(g) 可以发现，在断层 C 上有一个单元释放了非常高的剪切应变能；此外，在拐折部位和中间断层 B 上，都可以发现大量的单元释放能量。

在第 25~29 个时段 [图 4.8(h~j)]，标本的平均应力已处于应力峰之后，剪切应变陡降比较密集地分布在各条断层附近，这意味着各条断层上高强度单元被相继错断，造成了标本整体的失稳。由图 4.4(h~j) 可以发现，能量释放遍布在各条断层上。

在第 31~63 个时段 [图 4.8(k, l)]，发生剪切应变陡降的单元变少，回归平静，零星地散布在各条断层上，标本的平均应力处于缓慢的下降阶段，随着变形的继续，逐渐进入残余阶段。能量释放继续发生 [图 4.4(k~n)]。

4.2.6　9 种力学量的统计结果分析

将 8×10^4~2.2×10^5 个时步均分为 70 个时段。图 4.9 对剪切应变陡降及两种能量(拉伸应变能及剪切应变能)释放共计 3 种量的 3 方面的结果进行了统计。这 3 方面分别是这些量的累计(在任一个时段之内，将所有单元的某种量求和)、最大值及发生剪切应变陡降或能量释放的单元数目。

在第 1~13 个时段，由图 4.9(a~c) 可以发现，与剪切陡降有关的 3 种量随着时段编号的增加，并无大的变化。但是，在与两种能量释放有关的一些量上，却能发现增加的现象 [图 4.9(d~g, i)]。在图 4.9(h) 中，发生拉破坏单元能量释放的最大值处于较高的水平上，这应该与断层单元的强度比岩石单元的低，先发生拉张破坏有关。

在第 15~19 个时段，随着时段编号的增加，很多量都在增加 [图 4.9(a~g, i)]。图 4.9(h) 的结果是个例外，在第 18~19 个时段内，发生拉破坏单元能量释放的最大值下降到较低的水平，表现为异常的平静，尽管此时发生拉破坏单元的数目及它们能量释放的累计并不小。这说明，尽管事件比较多，但没有大事件。

在第 21 个时段，图 4.9(h) 中的结果继续表现为低值。

在第 23 个时段，由图 4.9(a, c~f) 可以观察到与剪切应变陡降及能量释放有关的量的加速现象；图 4.9(h) 中，结果仍然处于低值；图 4.9(i) 中，结果已经由上凸拐至水平。

在第 25~29 个时段，图 4.9(a~c) 中的 3 个结果都表现为高值，特别是在图 4.9(a, c) 中，两种结果表现为全局的最高值。在图 4.9(d, e, g) 中，各种结果也都表现为高值；在图 4.9(d, f, g) 中，随着时段编号的增加，各种结果上升的趋势比较明显，这与图 4.9(i) 中结果的表现正好相反；在图 4.9(h) 中，结果从低值

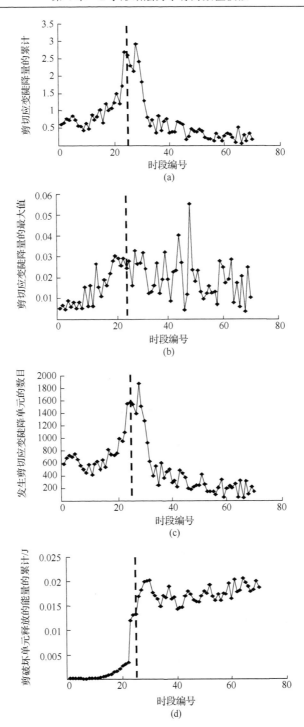

(a)

(b)

(c)

(d)

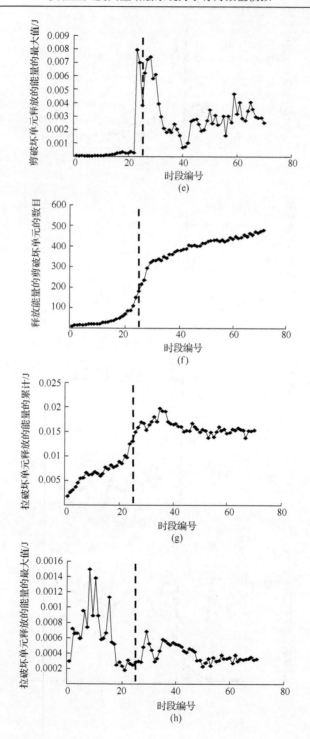

(e)

(f)

(g)

(h)

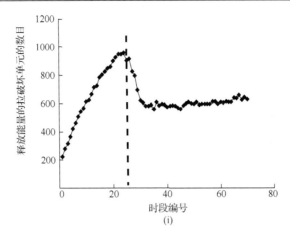

图 4.9　9 种力学指标的演变规律

虚线标明了标本整体失稳的开始

有所恢复。从图 4.9(d，f，g，i)可以发现，第 25～29 个时段的结果在此前和此后的结果之间起到过渡的作用，即经过 25～29 个时段，各种结果从一种规律转变成另一种规律，这反映了标本变形模式的转变。

在第 31～63 个时段，图 4.9(a，c)中的两种结果降到比第 1 时段还低的程度；图 4.9(d)中，结果在高水平上波动；图 4.9(f)中，结果不断增加；图 4.9(g)中，结果与图 4.9(d)中的结果具有一定的类似性；图 4.9(e～h)中，每种结果存在一定的波动，但小于全局的最大值；在图 4.9(i)中，结果维持不变。

总之，从一些与剪切应变陡降和能量释放有关的结果的演变规律上看，在第 25 个时段稍前，能看到有的加速，有的拐平，有的处于低谷等异常，这说明标本整体失稳的前兆是有的，但表现各异，明显程度也不相同。相比之下，一些与剪切应变陡降有关的量具备一定的优势，因为在失稳稍前及失稳过程中(速度加载端的平均应力快速下降)，它们都处于高值，远高于此前及此后的背景值。这有利于准确判断标本所处的应力状态和整体失稳的时刻。

4.2.7　各条断层上与剪切破坏有关的能量释放统计

将 $8 \times 10^4 \sim 1.4 \times 10^5$ 个时步均分为 300 个时段，每个时段持续 200 个时步。图 4.10(a～c)分别给出了不同断层上 3 种与剪切破坏有关的能量释放的统计结果。这 3 种统计结果分别是正在发生剪切破坏单元释放的能量(简称为正在释放的剪切应变能)、正在发生剪切破坏的单元释放的最大能量(简称为正在释放的最大剪切应变能)和正在发生剪切破坏的单元数目。

由图 4.10(a)可以发现，相比之下，在断层 B、$A+D$ 上正在释放的剪切应变能的变化比较平缓，而断层 C 的则不然。在断层 C 上，正在释放的剪切应变能发生了两次快速增加，一次是在第 220 个时段，另一次是在第 250 个时段。在每次快速增加之后，正在释放的剪切应变能都在较高水平上波动，第 220 个时段处于应力峰至失稳开始之间，严格地讲，处于 b_0 值开始缺失之时，也就是说，正在释放的剪切应变能在第一次突增过程中，b_0 值缺失。第 250 个时段处于失稳过程中，在第 250 个时段附近，能观察到断层 C 上 b_0 值稍高，高于第 250 个时段之后的 b_0 值，但远低于应力峰及失稳开始之间的 b_0 值。

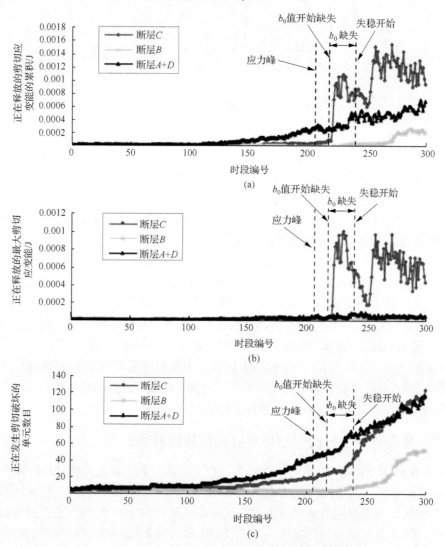

图 4.10　不同断层上与剪切破坏有关的力学量的演变规律

需要指出，第 200 个时段之前，断层 C 上正在释放的剪切应变能尽管高于断

层 B 上的，但都低于断层 $A+D$ 上的。这说明，在第 220 个时段之前，断层 $A+D$ 上剪切破坏事件较为活跃。在第 220 个时段之后，断层 C 上剪切应变能释放现象才变得活跃。在此过程中，断层 $A+D$ 上正在释放的剪切应变能仍在平缓增加，但不如断层 C 上的高。无论是在第 220 个时段之前，还是在第 220 个时段之后，断层 B 正在释放剪切应变能都是最低的，它的明显变化有两次。

由图 4.10(b) 可以发现，在第 220 个时段之后，正在释放的最大剪切应变能都发生在断层 C 上，其值可达 0.001J。在第 220 个时段之前，断层 $A+D$ 上正在释放的最大剪切应变能最高。无论是在第 220 个时段之前，还是在第 220 个时段之后，断层 B 正在释放的最大剪切应变能基本上都低于断层 $A+D$ 上的。另外，由图 4.10(a～b) 可以发现，断层 C 的两种曲线在形态上有类似之处：正在释放的剪切应变能的突增和正在释放的最大剪切应变能的突增同时发生。但是，从断层 B 或 $A+D$ 的两种曲线上未发现明显的类似之处。

由图 4.10(c) 可以发现，随着时段编号的增加，断层 C、B 及 $A+D$ 上正在发生剪切破坏的单元数目都增加。断层 $A+D$ 上正在发生剪切破坏的单元数目一直都多于断层 C 和 B 上的，仅在接近第 300 时段之时，断层 C 正在发生剪切破坏的单元数目才超过断层 $A+D$ 上的。应当指出，相比之下，断层 $A+D$ 上正在发生剪切破坏的单元数目的演变更加平缓，从中难以发现明显的标志，这与图 4.10(a) 中的结果具有类似性。但是，断层 C 上正在发生剪切破坏的单元数目在大约第 232 个时段发生急剧增加，断层 B 上的结果也一改过去的水平形态。第 232 个时段处于 b_0 值缺失过程中。断层 B 上正在发生剪切破坏的单元数目或释放能量的增多，表明位于标本中间的断层 B 开始活动，这将造成断层 C、$A+D$ 的联动，从而能导致标本整体的失稳。断层 C、$A+D$ 之间的断层 B 在断层 C、$A+D$ 的活动过程中，一度处于休眠或未活化状态，一旦断层 C、$A+D$ 的强度得到一定程度的发挥，即当这两条断层上单元破坏到一定程度后，断层 B 承受标本外边界上的载荷的比例将提高。断层 B 的活动意味着阻碍标本整体失稳的壁垒的逐渐破除，会导致标本整体的失稳，而断层 C、$A+D$ 的活动只是标本中局部断层的失稳。

图 4.11 单独给出了断层 C 和 B 正在释放的剪切应变能，在图 4.10(a) 中，这两条曲线被叠在一起，导致不容易看清一些细节。由图 4.11 可以发现，断层 C 上两次正在释放的剪切应变能的快速增加之后都导致了断层 B 上正在释放的剪切应变能的增加，这与地震的触发现象 (马瑾等，2006；贺鹏超等，2014) 具有一定的类似性。断层 C 上正在释放的剪切应变能在发生第 1 次突增过程中，断层 B 上正在释放的剪切应变能的演变呈递增的上凸形式，正在释放的剪切应变能增加的速度有减缓的趋势。断层 C 上正在释放的剪切应变能在发生第 2 次突增过程中，断层 B 上正在释放的剪切应变能的演变呈上凹形式，正在释放的剪切应变能增加的

速度越来越快。断层 C 上正在释放的剪切应变能突增必然导致标本内部应力的迁移和重新分布，从而使断层 B 承担了比过去更大的应力，进而造成其上的断层单元的破坏和能量释放。随着标本中断层 B 位置可承受应力的完整区域尺寸的降低，能量急剧释放，最终，必然导致标本的整体失稳。

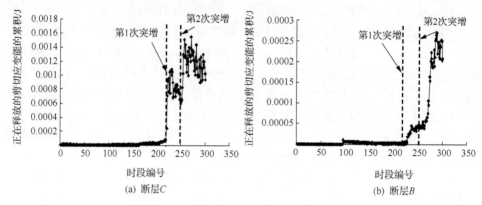

图 4.11　断层 C 和 B 上正在释放的剪切应变能的累计的演变规律

4.2.8　各条断层上与拉伸破坏有关的能量释放统计

将 $8 \times 10^4 \sim 1.4 \times 10^5$ 个时步均分为 300 个时段。图 4.12（a～c）分别得出了不同断层上 3 种与拉伸破坏有关的能量释放的统计结果，这 3 种统计结果分别是正在发生拉伸破坏单元释放的能量（简称为正在释放的拉伸应变能）、正在发生拉伸破坏的单元释放的最大能量（简称为正在释放的最大拉伸应变能）和正在发生拉伸破坏的单元数目。

由图 4.12（a）可以发现，在大约第 210 个时段之前，和断层 C、$A+D$ 上相比，断层 B 上正在释放的拉伸应变能较低；在第 150 上时段之前，断层 B 上正在释放的拉伸应变能变化很小，此后，才发生振荡式增加，直到第 210 个时段之后，才和断层 C 上的相差不大；有时，断层 B 上正在释放的拉伸应变能要超过断层 C 上的，但很少超过断层 $A+D$ 上的。

通过将图 4.12（a）和图 4.10（a）对比可以发现，拉伸应变能释放现象比剪切应变能释放现象出现得早，这与断层单元的抗拉强度比抗剪强度低有关。对于 1 个单元而言，所能释放的剪切应变能显然要高于所能释放的拉伸应变能，但是，在一个标本中，发生拉伸破坏的单元数目并不与发生剪切破坏的单元数相等。因此，图 4.12（a）和图 4.10（a）中的结果呈现了一定的复杂性，例如，断层 C 上正在释放的剪切应变能的峰值可达到 0.0015J，正在释放的拉伸应变能的峰值可达到 0.0006J，前者大于后者，这不难理解；断层 $A+D$ 上正在释放的剪切应变能的峰值可达到 0.0007J，正在释放的拉伸应变能的峰值可达到 0.0008J，二者相差不大；断层 B 上正在释放的剪切应变能的峰值可达到 0.0002J，正在释放的拉伸应变能的峰值可达到 0.0006J，后者竟然大于前者，这可由发生拉伸破坏单元的数量大于发生剪切破坏单元的数量进行解释。

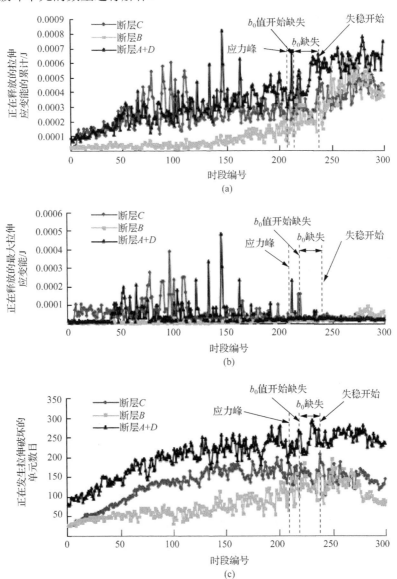

图 4.12　不同断层上与拉伸破坏有关的力学量的演变规律

由图 4.12(b)可以发现，正在释放的最大拉伸应变能的峰值接近 0.0005J，出现在断层 A+D 上；断层 C 上正在释放的最大拉伸应变能的峰值接近 0.0004J；而断层 B 上正在释放的最大拉伸应变能一直较低，在第 275 个时段之后的结果除外。由图 4.12(b) 可以发现断层 C 与 A+D 的交替活动现象：在第 50 个时段之前，断层 C 上正在释放的最大拉伸应变能比断层 A+D 上的高；在第 50～75 个时段，则刚好相反；在第 75～120 个时段，统计结果与 50 个时段之前的类似。断层的交替活动现象在实验室及现场能观测到(云龙等，2011；李铁等，2014)。应当指出，断层 A+D 和 C 上正在释放的最大拉伸应变能的峰值相差并不大。但是，断层 C 和 A+D 上正在释放的最大剪切应变能［图 4.10(b)］却相差很大。

由图 4.12(c) 可以发现，断层 A+D 上正在发生拉伸破坏的单元数目最多，最多可达 300，断层 C 上正在发生拉伸破坏的单元数一度超过断层 B 上的，但是，在第 210 个时段之后，二者的结果相差并不大。对比图 4.10(c) 和图 4.12(c) 可以发现，在各条断层上，正在发生拉伸破坏的单元数目都多于正在发生剪切破坏的单元数目，这一点可以解释图 4.10(a～b) 和图 4.12(a～b) 中的结果。

4.3　事件的定义及基于事件的统计结果

4.3.1　事件释放能量的计算方法

经过若干个时步，一个破坏单元储存的弹性应变能可能会发生变化，某一破坏单元储存的弹性应变能的下降部分被认为是该破坏单元释放的弹性应变能。如果某些破坏单元相连通，且释放弹性应变能，则这些释放弹性应变能的破坏单元将构成一个事件，事件释放的能量为各单元释放的能量之和，事件的尺寸为破坏单元的数目。事件释放的弹性应变能可能是由剪切破坏造成的，也可能是由拉伸破坏造成的，如果某一事件中各单元均发生剪切破坏，则该事件为剪切破坏事件，如果某一事件中各单元均发生拉伸破坏，则该事件为拉伸破坏事件。本章中的事件均为剪切破坏事件，简称为事件。应当指出，经过若干个时步，如果某一位置仅有一个单元发生破坏且释放能量，那么，事件尺寸为 1，事件释放的能量等同于破坏单元释放的能量。

4.3.2　事件的数目与剪切破坏单元的数目的演变规律

将 $8 \times 10^{4} \sim 1.4 \times 10^{5}$ 个时步均分为 300 个时段。图 4.13(a～c) 分别给出了断层 C、B 及 A+D 上事件的数目和剪切破坏单元的数目的统计结果。总体上看，各条断层上事件的数目和剪切破坏单元的数目均随着时段编号的增加而增加，并且各条断层上剪切破坏单元的数目均大于事件的数目。相对而言，断层 C 及 A+D 上事件的数目和剪切破坏单元的数目基本上均随着时段编号的增加而平稳增加，而

断层 B 上的则不然。对于断层 B，在第 220 个时段之前，剪切破坏单元的数目和事件的数目一度保持低值；在第 220~250 个时段，二者基本相等；在第 250 个时段之后，二者均急剧增加。这表明，断层 C 及 $A+D$ 的破坏过程是渐进的，且活动较早，而断层 B 的破坏过程比较迅速且活动较晚。

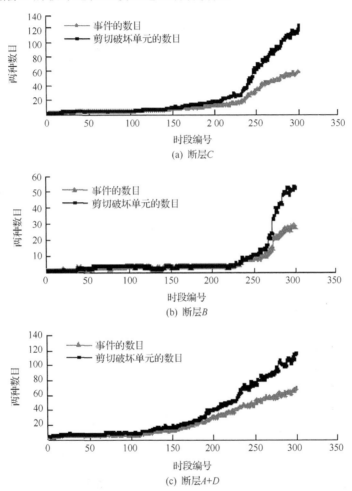

图 4.13　不同断层上事件的数目与剪切破坏单元的数目的演变规律

4.3.3　事件与剪切破坏单元释放能量的最大值的演变规律

将 $8 \times 10^4 \sim 1.4 \times 10^5$ 个时步均分为 300 个时段。图 4.14（a~c）分别给出了断层 C、B 及 $A+D$ 上剪切破坏单元和事件释放能量的最大值的统计结果。相对而言，断层 C 上剪切破坏单元和事件释放的能量的最大值保持一致，而断层 B 及 $A+D$ 上的则不然。这说明，在断层 C 上，有一个破坏单元释放的能量远大于其他破坏单元释放的能量(见本章 4.2.2 节)。对于断层 $A+D$,在第 180 个时段之后,事件释放的能量的最大值普遍高于剪切破坏单元释放的能量的最大值,这说明一个事件涉及多个单元。

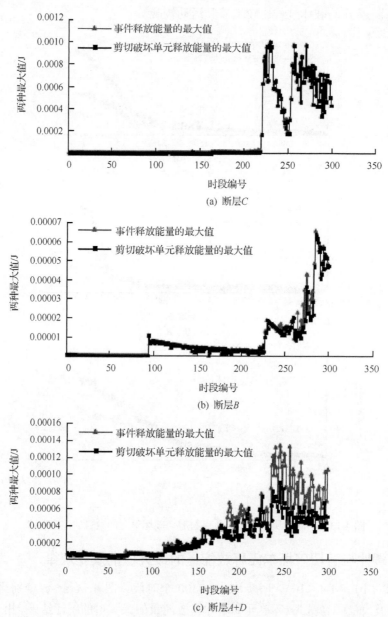

图 4.14　不同断层上事件与剪切破坏单元释放能量的最大值的演变规律

4.3.4　事件的最大尺寸的演变规律

将 $8 \times 10^4 \sim 1.4 \times 10^5$ 个时步均分为 300 个时段。图 4.15 给出了断层 C、B 及 $A+D$ 上事件的最大尺寸的演变规律。可以发现，事件的最大尺寸为 $1 \sim 11$；总体上看，在各条断层上，事件的最大尺寸-时段编号曲线在一定阶段呈阶梯状，但在一些局部位置有一些突增或突跌。这说明，事件的最大尺寸尽管在一定的应力范围内基本保持不变，但在个别时候会有一些增大或缩小。这也意味着，在相互连接的多个剪切破坏单元构成的一个事件中，并非每一个破坏单元总释放能量。

从总体上看，当时段编号较大时，断层 $A+D$ 及 C 上事件的最大尺寸较大；而断层 $A+D$ 上的最大尺寸又小于断层 C 上的；断层 C 上事件的最大尺寸变化基本上都先于断层 $A+D$ 上的。在第 221 个时段，此时，b_0 值开始缺失，这意味着能量释放反常，即大事件多而小事件少，断层 $A+D$ 和断层 C 上事件的最大尺寸基本上为 $1 \sim 3$。随后，断层 C 上事件的最大尺寸急剧增大至 6，一直持续到第 240 个时段。在第 230 个时段，断层 $A+D$ 上事件的最大尺寸增至 4。在第 240 个时段（处于失稳开始的上限），断层 C、B 及 $A+D$ 上事件的最大尺寸均发生了增加，此时，断层 B 上事件的最大尺寸由 1 增大至 2，断层 C 上事件的最大尺寸由 6 增至 8，断层 $A+D$ 上事件的最大尺寸由 4 增至 5。在第 250 个时段之后，断层 $A+D$ 和断层 C 上事件的最大尺寸一度处于高值，即 $5 \sim 6$ 及 8，而断层 B 上事件的最大尺寸由 2 急剧增大至 5。尽管断层 B 上事件的最大尺寸变化较晚，但突增非常迅速，这意味着断层 B 的破坏过程非常迅速。上述结果表明，当断层 C 和 $A+D$ 上事件的最大尺寸达到一定值后，断层 B 上事件的最大尺寸开始突增，同时，造成了断层 C 和 $A+D$ 上事件的最大尺寸稳定在一些更高的水平上，这类似于正反馈效应，即两条断层 C 和 $A+D$ 的破坏造成了断层 B 的快速破坏，又引起了自身的进一步破坏。

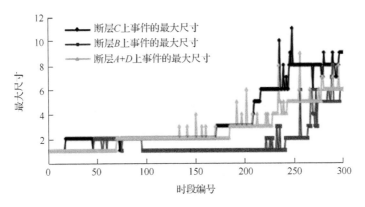

图 4.15　不同断层上事件的最大尺寸的演变规律

4.3.5　事件的 b_0 值的统计结果

将 $8×10^4 \sim 1.4×10^5$ 个时步均分为 300 个时段。图 4.16(a)给出了标本中事件 b_0 值的演变规律。可以发现，分级指标 $Q=8$ 且截断指标 $P=1/4$ 时 b_0 值的最大值最高；$Q=4$ 且 $P=1/4$ 时 b_0 值的最大值次之；$Q=4$ 且 $P=1$ 时的 b_0 值的最大值最小。另外，还可以发现，在 Q 及 P 不同时，b_0 值先增加，后降低，直到达到稳定。

将不同 P 及 Q 时 b_0 值的统计结果叠加在一起，会不容易分辨一些条件下 b_0 值的演变规律。为此，对 $Q=4$ 且 $P=1/4$ 时 b_0 值的统计结果进行了局部的放大 [图 4.16(b)]。可以发现，在第 221 个时段，b_0 值已经跌落至稳定值(低值)，此时对应于标本的应力峰及失稳开始之间。随后，在第 230 个时段，观察到了 b_0 值的缺失现象。这是由于在该时段，释放能量大的事件多而释放能量小的事件少，致使事件频次-能量释放关系不是单调下降的，因而无法计算出 b_0 值。

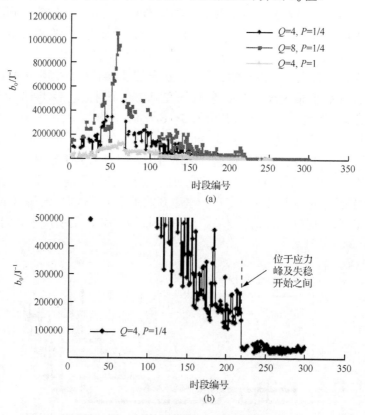

图 4.16　标本中事件 b_0 值的演变规律

4.3.6　大事件的释放能量之和、数目之和和尺寸之和的演变规律

本节，对标本中与大事件相关的一些量进行了统计。所谓大事件是指释放能量超过某一临界值的事件。对于某条断层，可以获得该断层上各时段内事件释放能量的最大值，取该最大值的几分之一作为临界值(在本章中，取最大值的一半作为临界值)，仅对超过该临界值的事件进行统计。图 4.17(a～c) 分别统计了不同断层上大事件释放的能量之和、大事件的数目之和和大事件的尺寸之和的演变规律，断层 C、B 及 $A+D$ 上事件释放的能量的最大值分别为 9.99×10^{-4}J、6.59×10^{-5}J 及 1.34×10^{-4}J。

将 $8\times10^4\sim1.4\times10^5$ 个时步均分为 300 个时段。由图 4.17(a) 可以发现，与断层 B 及 $A+D$ 上的相比，断层 C 上大事件释放能量之和较高，分别处于第 $220\sim240$ 个时段和第 $260\sim300$ 个时段。在二者之间，断层 C 上大事件缺失，此时，断层 $A+D$ 上大事件释放的能量之和较高。在断层 B 上，在第 274 个时段之后，才有大

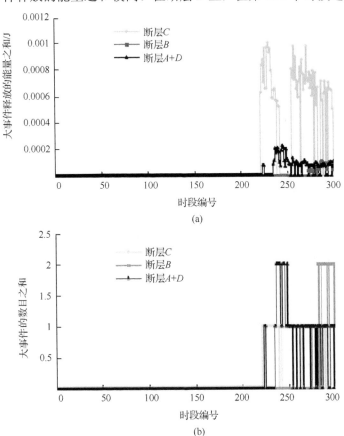

(a)

(b)

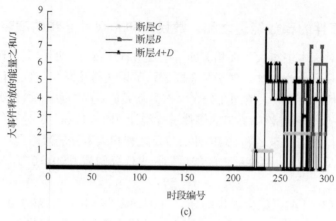

图 4.17　不同断层上大事件的力学量的演变规律

事件。上述结果表明，断层 B 上大事件出现晚。断层 B 上大事件释放的能量之和的最大值不仅小于断层 A+D 上的，更小于断层 C 上的。

由图 4.17(b)可以发现，在断层 B 及 A+D 上，大事件的数目之和为 0、1 和 2，而在断层 C 上，大事件的数目之和仅为 0 或 1。这说明，断层 C 上个别单元释放的能量相对较大。在断层 C 上，在第 220～240 个时段和第 260～300 个时段，大事件的数目之和为 1；在断层 A+D 上，在第 240～260 个时段，大事件的数目之和为 2；在断层 B 上，在第 280～300 个时段，大事件的数目之和为 2。由图 4.17(a，b)可以发现，在某条断层上，大事件的数目之和大于零所处的时段编号与大事件释放能量之和大于零的时段编号严格对应；在不同断层上，大能量可以对应于小数目，小能量也可以对应于大数目。例如，在第 280～300 个时段，断层 C 上大事件释放的能量之和远大于断层 B 上的，而断层 C 上大事件的数目之和却小于断层 B 上的。由图 4.17(a，b)还可以发现，在断层 B 及 A+D 上大能量对应于大数目，小能量对应于小数目。例如，在第 240～250 个时段，断层 A+D 上大事件释放的能量之和约为 0.0002J，大事件的数目之和为 2；在第 250 个时段之后，断层 A+D 上大事件释放的能量之和约为 0.0001J，大事件的数目之和为 1。

由图 4.17(c)可以发现，在断层 A+D 上，在第 236 个时段，大事件的尺寸之和达到最大值 8，在断层 B 上，在第 273 个时段，大事件的尺寸之和突增至 6。而在断层 C 上，在第 220～240 个时段和第 260～300 个时段，大事件的尺寸之和为 2。由图 4.17(a～c)可以发现，在不同断层上，大能量可以对应于小尺寸，小能量也可以对应于大尺寸；在断层 B 及 A+D 上，释放高能量的大事件其数目和尺寸较大。

4.3.7 基于大事件能量释放的断层活动顺序

为了深入地研究断层活动顺序，将 $12 \times 10^4 \sim 16 \times 10^4$ 个时步划分成 200 个时段，每个时段包含 200 个时步。图 4.18 给出了断层 C、B 及 $A+D$ 上大事件释放

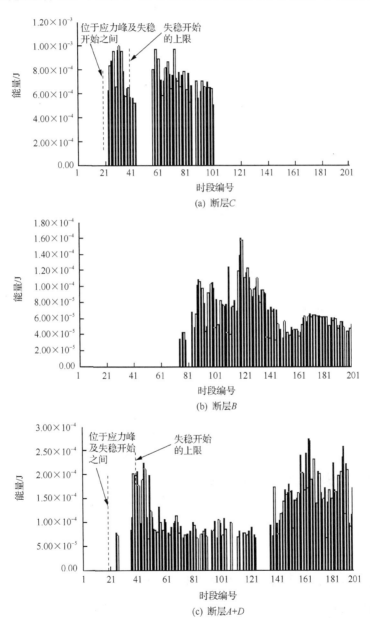

图 4.18　在每条断层上，大事件释放的能量之和的演变规律

的能量之和随时段编号的演变规律。图 4.18 中的横坐标 1 对应第 1～300 个时段中的第 200 个时段。这样，图 4.18 中的第 20 个时段对应第 220 个时段，即位于应力峰及失稳开始之间；第 40 个时段对应于失稳开始的上限。

由图 4.18(a)可以发现，断层 C 大致经历了 2 个活跃期：第 1 个活跃期是从第 23～43 个时段；第 2 个活跃期是从第 56～100 个时段。第 2 个活跃期可以进一步被划分为两个子活跃期：第 1 个是从第 56～84 个时段，第 2 个是从第 88～100 个时段。在第 100 个时段之后，断层 C 处于相对平静阶段。

由图 4.18(b)可以发现，断层 B 开始活跃出现在第 74～78 个时段，处于断层 C 的第 2 个活跃期或第 2 个活跃期中的第 1 个子活跃期。当断层 C 处于第 2 个活跃期中的两个子活跃期之间的平静期时(第 85～87 个时段)，断层 B 变得活跃；在第 119 个时段，达到最活跃；随后，断层 B 逐渐变得平静。

由图 4.18(c)可以发现，断层 $A+D$ 开始活跃于第 25～26 个时段。处于断层 C 的第 1 个活跃期的初期。经历了较长的平静期之后，断层 $A+D$ 再次变得活跃(第 36～50 个时段)，处于断层 C 的第 1 与第 2 活跃期之间的平静期(第 44～55 个时段)。随后，在相当长的时段内(第 56～138 个时段)，断层 $A+D$ 一直保持平静，而此时，断层 B 却比较活跃。在第 139 个时段之后，断层 $A+D$ 再次变得活跃。

综上所述，断层的活动具有一定的顺序。首先，长且平直断层 C 经历了 1 次活跃期，此时，标本的平均应力大致处于应力峰及失稳开始之间到失稳开始的上限之间；然后，拐折断层 $A+D$ 进入活跃期，而此时，断层 C 处于平静状态；随后，断层 C 再次进入活跃期；最后，断层 B 及 $A+D$ 先后进入活跃期。

4.4　结　　论

在拉伸位移控制加载条件下，开展了包含 Z 字形断层的标本力学行为的数值模拟研究。Z 字形断层由 4 条断层 A、B、C 及 D 构成，断层 A 和 C 相平行，断层 B 位于断层 A 和 C 之间，断层 A 与 D 形成了拐折断层。

标本的变形破坏过程可以划分为 5 个阶段：长期阶段、短期阶段、短临阶段、失稳阶段及失稳后阶段。断层上的剪切破坏区呈现出断续的特征，而拉伸破坏区遍布在整个断层上。拐折部位的破坏为标本的整体失稳创造了条件。在标本整体失稳之前，仅在断层 C 上发现了 b_0 值的缺失现象及快速下降现象，其被认为与该断层比较平直，且易于错动有关。

拐折断层 $A+D$ 拐折部位的破坏及错动为其他断层的破坏及错动创造了条件，两条平行断层 A 与 C 之间的断层 B 的破坏及错动造成了标本整体的失稳。通过统计一些与剪切应变陡降和能量释放有关的量的演变规律，以寻找标本整体失稳的灵敏前兆。在标本整体失稳稍前，能观察到一些与剪切应变陡降和能量释放有关的量发生了异常的变化，例如，加速、拐平及处于低谷。与剪切应变陡降有关的两种量在标本整体失稳稍前及应力急剧下降过程中处于高值，显著地区别于此前及此后的低背景值。与剪切应变陡降有关的一些量在失稳过程中表现突出是由于一个发生破坏的单元，能引起其周围大量未破坏单元的反应，因而更有利于断层失稳前兆的识别，相当于对前兆起到了放大的作用。

通过统计各条断层上与剪切和拉伸破坏有关的 6 种量的演变规律，以研究各条断层的活动顺序和相互作用规律。研究发现：首先，位于标本两侧的拐折断层 $A+D$ 和平直断层 C 交替活动；然后，断层 C 上两次剪切应变能释放量的突增触发了位于标本中部的断层 B 的活动；最终，造成了标本整体失稳。和剪切应变能释放现象相比，拉伸应变能释放现象出现得较早。由于发生拉伸破坏且释放拉伸应变能的单元数目多于发生剪切破坏且释放剪切应变能的单元数目，所以，标本中任一时段内释放的拉伸应变能并不一定会比释放的剪切应变能少。从断层 C 上正在释放的剪切应变能及正在释放的最大剪切应变能的演变规律上，能发现 b_0 值缺失的标志。

将释放弹性应变能的相互连通的破坏单元定义为一个事件，考虑事件的尺寸，通过统计各条断层上事件的数目、事件释放的能量的最大值、事件的最大尺寸、大事件释放能量之和、大事件的数目之和、大事件的尺寸之和和标本中事件的 b_0 值的演变规律。研究发现，在各条断层上，剪切破坏单元数目大于事件的数目，二者具有类似的演变规律。断层 B 上事件的最大尺寸变化晚于断层 $A+D$ 上的，更晚于断层 C 上的，但突增非常迅速。断层 C 和 $A+D$ 的破坏造成了断层 B 的破坏，反过来，又引起自身的进一步破坏，这类似于一个正反馈过程。标本中事件的 b_0 值先增后降，直到趋于稳定值；在标本的应力峰及失稳开始之间，b_0 值由高值突然降为相对较低的稳定值。在不同断层上，断层上释放高能量的事件的数目和尺寸可以小，也可以大；在某条断层上，释放高能量的大事件其数目和尺寸较大。断层的活动顺序如下：首先，长且平直的断层 C 经历了一次活跃期；随后，拐折断层 $A+D$ 进入活跃期，经过了一段平静之后，断层 C 再次进入活跃期；最后，断层 B、$A+D$ 分别进入活跃期。

参 考 文 献

贺鹏超, 沈正康. 2014. 汶川地震发震断层破裂触发过程. 地球物理学报, 57(10): 3308-3317.

李铁, 王金安, 刘军. 2014. 深部采动断层异变的强制逆冲机制. 岩石力学与工程学报, 33 (增 2): 3760-3765.

马瑾, 陈顺云, 扈小燕, 等. 2010.大陆地表温度场的时空变化与现今构造活动. 地学前缘, 17(4): 1-13.

马瑾, 陈顺云, 刘培洵, 等. 2006. 用卫星热红外信息研究关联断层活动的时空变化——以南北地震构造带为例. 地球物理学报, 49(3): 816-823.

马瑾. 2012. 地震新主体地区和失稳危险阶段的探寻. 世界地震动态, (6): 231.

云龙, 郭彦双, 马瑾. 2011. 5°拐折断层在黏滑过程中物理场演化与交替活动的实验研究. 地震地质, 33(2): 356-368.

Sherman S I. 2009. A tectonophysical model of a seismic zone: experience of development based on the example of the Baikal rift system. Izvestiya, Physics of the Solid Earth, 45(11): 938-951.

第5章　典型断层系统黏滑过程数值模拟

作为地震的一种发生机制,断层的黏滑现象研究引起了许多研究人员的关注。到目前为止,针对许多地震问题,采用不同的本构模型和数值方法,研究人员已经开展了许多理论和数值模拟研究工作。Amonton 摩擦定律要求一个常摩擦系数,但不能考虑静摩擦和滑动速度的依赖性(Lorig and Hobbs, 1990)。静-动摩擦定律要求在滑动之前摩擦是静摩擦。随后,一旦开始滑动,摩擦是比静摩擦小的动摩擦。然而,在滑动开始之后,根据该定律,滑动总是不稳定的。

滑动-弱化定律常被用于描述滑动可能引发的失稳问题(Ida, 1973; Day, 1982; Andrews, 1985; Shibazaki and Matsu'ura, 1992; Harris and Day, 1993, 1997; He, 1995; Ide and Takeo, 1997; Guatteri and Spudich, 2000; Wolf et al., 2006; Ampuero and Ben-Zion, 2008; Tinti et al., 2009)。在该定律中,摩擦仅依赖于滑动距离。该定律已被用于模拟多种地震现象,但在本质上忽略了时间和速率的影响,因此,若在滑动停止之时不重新设置摩擦力(Rice, 1983),就不能复现多于一个地震循环。考虑初始滑动硬化的滑动-弱化定律也已被提出 (Ohnaka and Yamashita, 1989; Ohnaka, 1993),Bizzarri 等(2001)讨论了初始滑动硬化的含义。

速率-状态依赖定律是另一个常用的摩擦定律。该定律考虑了滑动速度和状态变量。到目前为止,研究人员已提出了该定律的许多不同版本(Dieterich, 1979, 1992, 1994; Ruina, 1983; Kato and Tullis, 2001, 2003; Kato et al., 2007)。该定律被认为从本构角度能更完全地描述断层的各种行为(Okubo, 1989)。为了避免闭锁断层(滑动速度为零)和高速滑动引起的不同奇异性,许多规则化的方法已被提出(Beeler et al., 1994; Marone, 1998; Bizzarri et al., 2001)。尽管如此,还没有一个摩擦定律能描述所有的试验数据,也不知道哪一个摩擦定律对于描述地震循环更合适(Kato and Tullis, 2003)。针对摩擦定律的许多修改会导致冗长的解析公式的出现(Bizzarri et al., 2001),还会使数值解难以获得(Miyatake, 1992)。在一些模型中,首先,在慢速变形过程中,准静态方法被采用;然后,一旦发生失稳,动态方法被采用(Okubo, 1989)。从一种方法到另一种方法的突然切换会影响失稳的自然发展。并不容易确定这种干扰对模型进一步响应的影响。为了避免这一困难,Lapusta 等(2000)针对缓慢加载条件下的断层提出了一个高效且严密的弹性动力学响应的计算方法。Okuho(1989)和 Bizzarri 等(2001)细致地比较了滑动-弱化定律和速率-状态依赖定律之间的差异。Bizzarri 等(2001)强调,速率-状态依赖定律包含了滑动-弱化定律的最突出的特性。Okuho(1989)指出,当对速率-

状态依赖定律中速率和状态依赖项进行截断时，断层的行为就像滑动-弱化定律所描述的一样。

模拟复杂地震现象的非连续介质模型包括：弹簧-滑块模型、颗粒模型(Mora and Place 1994；Abe et al.，2006)和细胞自动机模型(Bak and Tang，1989；Ito and Matsuzaki，1990)等。这些模型有的使用了简单的摩擦定律。例如，在 Mora 和 Place(1994)的颗粒模型中，不包括任何摩擦特性。Doz 和 Riera(2000)使用了不考虑摩擦的格构模型。Abe 等(2006)将断层视为由一系列离散颗粒排列在一起构成的系统，颗粒之间具有相同的摩擦系数。这些非连续介质模型在应用于大尺度问题时受限。相比之下，连续介质模型在这方面独具优势，而且，可以考虑众多因素，例如，复杂的边界条件、加载条件、断层几何和材料模型(包括非均质性)。Miyatake(1992)、Bizzarri 等(2001)、Hillers 等(2006)在连续介质模型中引入了空间上的非均质性，得到了复杂的地震行为。Beroza 和 Mikumo(1996)发现，在地震之前观察到的短期上升次数可完全从应力降和剩余强度的强烈非均匀空间分布角度进行解释，而且，并不需要自愈机制，例如，强烈的速率-状态依赖摩擦。

为了模拟典型断层构造的黏滑现象，本章提出了一个摩擦强化-摩擦弱化模型，该模型在 FLAC-3D 中执行。该模型可以复现周期性(锯齿形)的应力变化，并考虑断层之间的相互作用。为了控制内摩擦角的演变，尤为关键的是，在一个黏滑循环之内，引入了塑性剪切应变增量。该参数先从零(软化开始时)开始增加，然后，一旦其达到最大值，被重新设置为零。目前的模型比速率-状态依赖定律简单。尽管在目前的模型中没有引入速度，但是，由于对运动方程进行求解，黏着和滑动阶段的速度变化可以被描述。在黏着和滑动阶段，采用了一套相同的方程，仅内摩擦角的变化是不同的。在平面应变双轴压缩条件下，开展了 40 个数值试验。研究了加载条件(围压和加载速率)、断层宽度和断层几何对黏滑行为的影响。通过和双轴压缩条件下物理试验结果的比较，验证了目前模型的正确性。并且，通过降低细网格条件下的加载速度，获得了不依赖于单元尺寸的应力-变形曲线。

5.1　摩擦强化-摩擦弱化模型

莫尔-库仑准则是一个双参数强度准则。在残余阶段之前，若内摩擦角 φ 和黏聚力 c 被指定随着塑性剪切应变的增加而线性或非线性下降，则材料的峰后行为是应变弱化或软化的。这种行为就像滑动-弱化行为一样，这是由于当采用连续介质模拟断层时，沿着断层的滑动距离与断层的塑性剪切应变成正比。不过，在已知断层宽度的前提下，滑动-弱化定律中的滑动距离需换算成塑性剪切应变。然而，这样的模型不能复现超过一个黏滑循环。为了避免这一困难，在此，提出了一个摩擦强化-摩擦弱化模型(图 5.1)。该模型包括两部分：线性弱化部分和线性强化部分，分别用于描述滑动和黏着过程。

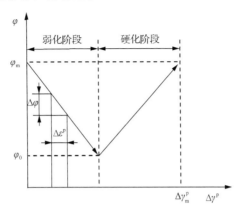

图 5.1　摩擦强化-摩擦弱化模型

为了简单起见，在一个单元破坏之后，仅一个强度参数，即 φ，允许发生变化。当一个单元刚刚经历应变弱化行为时，φ 接近它的初始值 φ_m，即峰值。在弱化阶段，随着变形的继续，φ 将下降，这将引起一个塑性剪切应变增量 $\Delta\gamma^p$。当 φ 下降到 φ_0 时，弱化阶段结束，而强化阶段开始。强化阶段用于描述随着 $\Delta\gamma^p$ 或滑动距离的增加而引起的强度恢复现象。在强化阶段，由于位移控制加载条件下塑性变形进一步继续，$\Delta\gamma^p$ 不断增加，且假定 φ 随着 $\Delta\gamma^p$ 的增加而线性增加：

$$\varphi = \varphi_0 + \frac{\Delta\gamma^p}{\Delta\gamma_m^p} \cdot \left(\varphi_m - \varphi_0\right) \tag{5.1}$$

当 $\Delta\gamma^p$ 达到允许的最大值 $\Delta\gamma_m^p$ 时，φ 也将达到其最大值 φ_m，在位移控制加载条件下，此时的力学状态应与刚刚进入应变弱化阶段时的一样。所以，莫尔-库仑准则将很快或立即满足。因此，下一次滑动将发生。在此之前，$\Delta\gamma^p$ 被清零。在目前的模型一个循环之内，累积的塑性剪切应变的最大值 $\Delta\gamma_m^p$ 或相应的临界滑动距离是一个常数。一旦达到 $\Delta\gamma_m^p$，当前的循环结束，而下一次循环即将开始。$\Delta\gamma^p$ 为零对应于弱化阶段的开始，而 $\Delta\gamma^p$ 达到最大对应于强化阶段的结束。这样，就可以模拟出重复的循环。$\Delta\gamma^p$ 可由一个循环之内的滑动距离除以断层宽度获得。一个太小的 $\Delta\gamma^p$ 可引起滑动的提前结束，即 φ 尚未下降到 φ_0。显然，在此条件下，应力降和黏滑周期将相应地降低。

应当指出，$\Delta\gamma^p$ 不同于 FLAC-3D 中原有的塑性剪切应变增量，记为 $\Delta\varepsilon^p$，

它用于描述单元的塑性变形程度，并用于决定当前的弱化参数。$\Delta\gamma^p$ 在 FLAC-3D 中原来并不存在，需要对其二次开发后引入。当 φ 达到其最大值时，$\Delta\gamma^p$ 被清零，而在位移控制加载条件下随着塑性变形的继续，破坏单元积累的塑性剪切应变 $\varepsilon^p = \sum \Delta\varepsilon^p$ 总量是增加的。随后，将通过算例给出不同时步时 $\Delta\varepsilon^p$ 的分布规律。在每个时步之内，本构关系中的塑性剪切应变增量 $\Delta\varepsilon^p$ 非常小，其与内摩擦角的增量 $\Delta\varphi$ 相对应(图 5.1)。在 FLAC-3D 中，在每个时步之内，一个单元的 $\Delta\varepsilon^p$ 是通过对该单元内部所有子单元的塑性剪切应变增量的二阶不变量进行体积平均获得的。这些塑性剪切应变增量由非关联的流动法则决定，其方向垂直于势函数表面。在一个黏滑环循之内，一个 $\Delta\gamma^p$ (在 $0 \sim \Delta\gamma^p_m$ 之间变化)可被划分为多个微小的 $\Delta\varepsilon^p$。在弱化开始时，$\Delta\gamma^p$ 为零，对应于 φ_m，随后，$\Delta\gamma^p$ 不断增加。整个弱化和强化阶段的计算需要消耗许多个时步。在每个时步之内，都将产生一个 $\Delta\varepsilon^p$。在一个循环之内，将从弱化开始的所有 $\Delta\varepsilon^p$ 求和，即可得到当前的 $\Delta\gamma^p$。

　　目前提出的模型与速率-状态依赖定律既有类似性，又有差异。在目前的模型中，未引入速度，但由于在 FLAC-3D 中对节点的运动方程进行求解，在黏滑过程中节点速度的变化可被描述。也就是说，速度被作为一种响应，而非作为输入量，即本构参数。

　　在滑动或弱化阶段，断层上单元 φ 的下降将导致断层承载能力的下降，而断层之外弹性体的应力不能立即下降。这样，断层和弹性体之间的应力将处于不平衡状态，这将导致断层上节点的不平衡力增加。根据运动方程，这些节点将快速运动，直至黏着阶段开始。因此，断层上单元 φ 的下降能导致节点速度的增加。相反，在黏着或强化阶段，φ 的增加将引起节点速度的缓慢下降。因此，断层上节点的速度在一个循环之内将不再保持为常数。节点速度的变化根源于 φ 的变化。

　　总之，目前的模型是基于经典弹塑性连续介质模型。其中，使用了内摩擦角，而非滑动距离。为了控制内摩擦角的演化，尤为关键的是，在一个黏滑循环之内，引入塑性剪切应变增量。它从零开始增加，然后当其达到其最大值时被清零。在某种程度上，塑性剪切应变增量与速率-状态依赖定律中一个循环之内的滑动距离类似。即使在目前的模型中没有引入速度，因为对运动方程进行求解，在黏着和滑动阶段，节点速度会发生变化。在黏着和滑动阶段，采用了一套相同的方程，包括本构方程、几何方程和运动方程，仅要求一个抗剪强度参数(内摩擦角)的变化是不同的。目前的模型是通过 FLAC-3D 内嵌的编程语言 FISH 实现的。

5.2　算例和结果

5.2.1　计算模型及方案

在小或大变形模式下，共开展了 40 个含断层试样的平面应变压缩数值试验（表 5.1）。通过在各三维试样的前、后表面施加法向约束来实现平面应变条件。在方案 1~25 中，各试样被剖分成正方形单元(从空间角度看，为立方体单元)，而在方案 26~29 中，各试样被剖分成四边形单元(从空间角度看，为六面体单元)。采用实体单元模拟断层。实际上，也可采用无厚度的界面单元模拟断层(Rutqvist et al.，2007)。在方案 1~34 和方案 36~40 中，计算在小变形模式下进行，而在方案 35 中，计算在大变形模式下进行。

表 5.1　计算方案及相关参数

方案	类型	高度/m	宽度/m	单元数量	加载速度/(m/时步)	断层宽度/m	$\Delta\gamma_m^p$	σ_3/MPa	φ_m/(°)	φ_0/(°)	其他参数及说明
1	平直	0.1	0.05	10×20	1×10⁻⁹	0.007	4×10⁻⁴	0.5	20	10	$\alpha=30°$
2	平直	0.1	0.05	10×20	1×10⁻⁹	0.007	4×10⁻⁴	0.5	20	10	$\alpha=38°$
3	平直	0.1	0.05	10×20	1×10⁻⁹	0.007	4×10⁻⁴	0.5	20	10	$\alpha=45°$
4	平直	0.1	0.05	10×20	1×10⁻⁹	0.007	4×10⁻⁴	0.5	20	10	$\alpha=53°$
5	平直	0.1	0.05	10×20	1×10⁻⁹	0.007	4×10⁻⁴	0.5	20	10	$\alpha=60°$
6	平直	0.1	0.05	10×20	1×10⁻⁹	0.007	4×10⁻⁴	2.5	20	10	$\alpha=45°$
7	平直	0.1	0.05	10×20	1×10⁻⁹	0.007	4×10⁻⁴	5.5	20	10	$\alpha=45°$
8	平直	0.1	0.05	10×20	1×10⁻⁹	0.007	4×10⁻⁴	10.5	20	10	$\alpha=45°$
9	平直	0.1	0.05	10×20	1×10⁻⁹	0.007	2×10⁻⁴	0.5	20	10	$\alpha=45°$
10	平直	0.1	0.05	10×20	1×10⁻⁹	0.007	6×10⁻⁴	0.5	20	10	$\alpha=45°$
11	平直	0.1	0.05	20×40	1×10⁻⁹	0.0035	6×10⁻⁴	0.5	20	10	$\alpha=45°$
12	交叉	0.1	0.05	20×40	1×10⁻⁹	0.0035	6×10⁻⁴	0.5	20	10	$\alpha_1=\alpha_2=45°$
13	交叉	0.1	0.05	20×40	1×10⁻⁹	0.0035	6×10⁻⁴	0.5	20	10	$\alpha_1=45°, \alpha_2=30°$
14	交叉	0.1	0.05	20×40	1×10⁻⁹	0.0035	6×10⁻⁴	0.5	20	10	$\alpha_1=45°, \alpha_2=60°$
15	交叉	0.1	0.05	10×20	1×10⁻⁹	0.007	6×10⁻⁴	0.5	20	10	$\alpha_1=45°, \alpha_2=60°$
16	交叉	0.1	0.05	40×80	1×10⁻⁹	0.00175	6×10⁻⁴	0.5	20	10	$\alpha_1=45°, \alpha_2=60°$
17	交叉	0.1	0.05	40×80	5×10⁻¹⁰	0.00175	6×10⁻⁴	0.5	20	10	$\alpha_1=45°, \alpha_2=60°$
18	拐折	0.1	0.05	20×40	5×10⁻¹⁰	0.0035	6×10⁻⁴	0.5	20	10	$\beta_1=\beta_2=45°$

续表

方案	类型	高度/m	宽度/m	单元数量	加载速度/(m/时步)	断层宽度/m	$\Delta\gamma_m^p$	σ_3/MPa	φ_m/(°)	φ_0/(°)	其他参数及说明
19	拐折	0.1	0.05	20×40	5×10^{-10}	0.0035	6×10^{-4}	0.5	20	10	$\beta_1=45°$, $\beta_2=38°$
20	拐折	0.1	0.05	20×40	5×10^{-10}	0.0035	6×10^{-4}	0.5	20	10	$\beta_1=45°$, $\beta_2=53°$
21	拐折	0.1	0.05	20×40	5×10^{-10}	0.0035	6×10^{-4}	0.5	20	10	$\beta_1=45°$, $\beta_2=57°$
22	拐折	0.1	0.05	20×40	5×10^{-10}	0.0035	6×10^{-4}	0.5	20	10	$\beta_1=45°$, $\beta_2=60°$
23	拐折	0.1	0.05	20×40	5×10^{-10}	0.0035	6×10^{-4}	0.5	20	10	$\beta_1=45°$, $\beta_2=50°$
24	雁列	0.1	0.1	40×40	1.25×10^{-10}	0.0035	1.2×10^{-3}	0.5	20	5	压缩
25	雁列	0.98	0.1	40×32	1.25×10^{-10}	0.0035	1.2×10^{-3}	0.5	20	5	拉伸
26	平直	0.1	0.05	10×20	1×10^{-9}	0.007	4×10^{-3}	0.5	20	10	$\alpha=45°$
27	平直	0.1	0.05	10×20	1×10^{-9}	0.0035	4×10^{-4}	0.5	20	10	$\alpha=45°$
28	平直	0.1	0.05	10×20	1×10^{-9}	0.00175	4×10^{-4}	0.5	20	10	$\alpha=45°$
29	平直	0.1	0.05	10×20	1×10^{-9}	0.00175	1.6×10^{-3}	0.5	20	10	$\alpha=45°$
30	平直	0.1	0.05	10×39	1×10^{-9}	0.00175	1.6×10^{-3}	0.5	20	10	$\alpha=45°$
31	平直	0.1	0.05	10×39	5×10^{-10}	0.00175	1.6×10^{-3}	0.5	20	10	$\alpha=45°$
32	平直	0.1	0.05	20×40	1×10^{-9}	0.00175	1.6×10^{-3}	0.5	20	10	$\alpha=45°$
33	平直	0.1	0.05	20×40	5×10^{-10}	0.00175	1.6×10^{-3}	0.5	20	10	$\alpha=45°$
34	平直	0.1	0.05	10×20	$5.7\times10^{-3*}$	0.00175	1.6×10^{-3}	0.5	20	10	$\alpha=45°$, 动力
35	平直	0.1	0.05	20×40	1×10^{-9}	0.00175	1.6×10^{-3}	0.5	20	10	$\alpha=45°$, 大变形
36	平直	0.1	0.05	20×40	5×10^{-10}	0.0035	6×10^{-4}	0.5	20	10	$\beta_1=\beta_2=45°$
37	拐折	0.1	0.05	20×40	5×10^{-10}	—	6×10^{-4}	0.5	20	10	$\beta_1=45°$, $\beta_2=38°$
38	拐折	0.1	0.05	20×40	5×10^{-10}	—	6×10^{-4}	0.5	20	10	$\beta_1=45°$, $\beta_2=53°$
39	拐折	0.1	0.05	20×40	5×10^{-10}	—	6×10^{-4}	0.5	20	10	$\beta_1=45°$, $\beta_2=60°$
40	平直	0.3	0.15	10×20	$(1\text{-}2)\times10^{-9}$	0.003	1.88×10^{-2}	5	31	8	$\alpha=60°$

*单位为 m/s。

在方案 1~25 中，采用同样大小的正方形单元不可避免地将导致断层面凹凸不平。在目前的数值试样中，采用相互连通的单元（中心点落入两条平行线段之间）模拟具有一定厚度的断层带或断层泥所在区域（Marone and Kilgore, 1993；Kato et al., 1994）。这通过编写 FISH 函数来实现（Wang, 2005, 2007）。断层的宽度由两条平行线段之间的距离决定。在方案 26~35 中，采用不同尺寸的四边形单元模拟光滑的断层面。

正方形单元可用于模拟包含很多倾斜或平直断层的复杂断层系统，但这些断层的表面凹凸不平。单元尺寸的降低可使断层面变得相对光滑，但也降低了计算效率。采用正方形单元还可以有效地模拟新破坏区域或新断层的生成(Fang and Harrison，2002)。四边形单元仅适用于模拟相对简单的具有光滑表面的断层系统，例如，一条倾斜的平直断层或一条拐折断层等，而不适用于模拟新断层的生成，这是由于在模型的不同位置，单元尺寸不同。若一个模型被剖分成四边形单元，则单元数可能会少，这有助于提高计算效率。当四边形单元的纵横尺寸比接近于 1 时，计算精度最高。因此，当一个模型包含多条交叉断层时，设计出有助于准确求解的网格并不容易。另外，一旦正方形单元的尺寸确定了，则最小的断层宽度也就确定了。这样，正方形单元仅适用于模拟较宽的断层，除非将单元尺寸进一步降低，这会使计算效率下降。然而，若使用四边形单元模拟一条平直的断层，其宽度可以被设置得足够小，且可以连续变化。在 FLAC-3D 的动力分析中，为了确保数值稳定性，时步的长度不应过大，其受模型中所有单元的最小尺寸控制。这样，如果模型包含一些狭长的四边形单元，则计算效率将极大地降低。因此，上述两种单元各有优缺点。若想研究断层宽度的影响，四边形单元值得推荐。若想研究复杂断层系统在拟静力和动力加载条件下的复杂力学行为(这里，新断层可能产生)，正方形单元可能更合适。

通过在各试样的上、下端面的法向上施加相对的速度，以实现位移控制加载，这有助于缩短计算时间，但不同于通常的试验条件。这样，和一端加载相比，两端同时加载将能节省一半的计算时间或时步数目。在方案 1～33 和方案 35～40 中，采用拟静力加载，这有助于节省计算时间，这一点随后将指出。在方案 34 中，采用动力加载。采用一个 FISH 函数，计算两个加载端的平均压缩应力，该应力为 σ_1，该函数在 FLAC-3D 手册中可以找到。在各试样的左、右两侧面，施加围压 σ_3。

每个试样均由两部分构成，即断层和岩块。相应地，单元包括断层单元和岩石单元两种。对于两种单元，弹性阶段的本构关系和参数是完全相同的，本构关系为各向同性的线弹性模型，弹性模量取为 26.5GPa 且泊松比取为 0.21。两条断层可以构成一条拐断层或雁形断层，也可以构成两条交叉断层。断层单元的应力状态一旦满足莫尔-库仑准则，断层单元将发生破坏，而岩石单元总保持弹性状态，除了雁形断层中的一部分岩石单元。在方案 1～39 和方案 40 中，破坏单元的黏聚力总保持不变，分别为 0.2MPa 和 2.8MPa。

在一些黏滑试验中，断层被预置于岩石试样中，很少观察到岩块的断裂(Sobolev et al.，1996；缪阿丽等，2010；Ma et al.，2012)。然而，对于包含雁形断层的岩石试样，情形则有所不同。对于挤压雁形断层，理论结果(Segall and

Pollard，1980；Zachariasen and Sieh，1995)、试验结果(蒋海昆等，2002；Ma et al.，1986，2010；马胜利等，2008；马瑾等，2007)、第 3 章的数值结果和野外观测(Tchalenko and Ambraseys，1970；Sibson，1985)均表明，在雁列区外部，在加载过程中，将产生新的破坏区域或裂纹，这有助于断层黏滑行为的发生。因此，在方案 24～25 中，允许一些岩石单元发生破坏。对于挤压雁形断层[图 5.2(q)]，允许连通两条断层端部的一列单元发生破坏，并允许破坏单元向上、下加载端扩展。对于拉张雁形断层[图 5.2(r)]，允许连通两条断层端部的一些单元发生破坏。对于破坏的岩石单元，其力学特性与断层单元的相同。

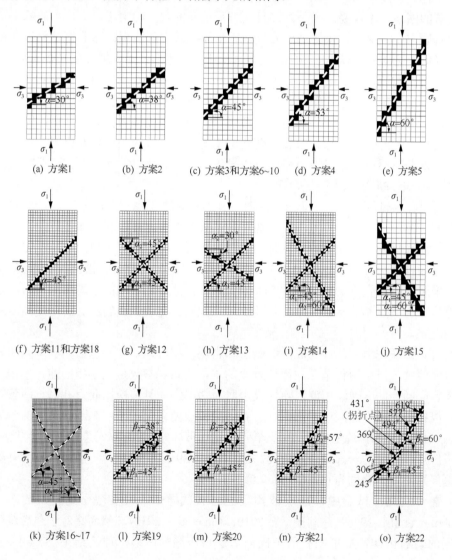

(a) 方案1　　(b) 方案2　　(c) 方案3和方案6~10　　(d) 方案4　　(e) 方案5

(f) 方案11和方案18　　(g) 方案12　　(h) 方案13　　(i) 方案14　　(j) 方案15

(k) 方案16~17　　(l) 方案19　　(m) 方案20　　(n) 方案21　　(o) 方案22

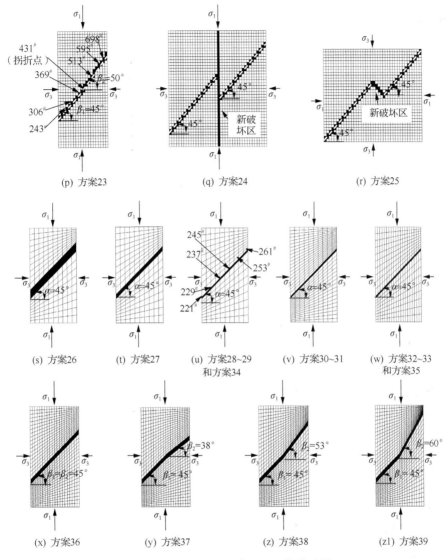

(p) 方案23　　　(q) 方案24　　　(r) 方案25

(s) 方案26　　(t) 方案27　　(u) 方案28~29 和方案34　　(v) 方案30~31　　(w) 方案32~33 和方案35

(x) 方案36　　(y) 方案37　　(z) 方案38　　(z1) 方案39

图 5.2　平面应变压缩条件下的数值试样

对于单一平直断层[图 5.2(a~f)和(s~w)]，断层面与水平面的夹角在 30°~60°。对于两条交叉断层[图 5.2(g~k)]，一条断层的断层面与水平面的夹角为 45°，而另一条断层的断层面与水平面的夹角在 30°~60°。对于拐折断层[图 5.2(l~p)]，左断层的断层面与水平面的夹角为 45°，而右断层的断层面与水平面的夹角在 38°~60°。对于雁形断层[图 5.2(q~r)]，每条断层的断层面与水平面的夹角均为 45°，两条断层的重叠量约为 0.01225m，接近于断层间距。

5.2.2 单一平直断层的结果（正方形单元）

断层面与水平面的夹角 α 对应力-时步数目曲线的影响见图 5.3(a)。在方案 1~5 中，α 分别为 30°、38°、45°、53° 及 60°。时步数目与 σ_1 方向的应变 ε_1 成正比：$\varepsilon_1 = 2v_0t_0/L$，这里，$v_0$ 是加载速度，L 是试样的高度，t_0 是时步数目。在方案 1~2 中，很少观察到应力降。在时步数目相同时，方案 1~2 中试样的应力高于方案 3~5 中的，这表明方案 1~2 中试样的承载力较高，断层不能滑动。当 α 适中时，断层

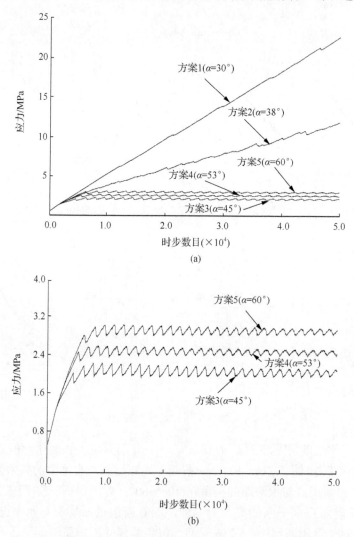

图 5.3　包含单一平直断层的试样的应力随着时步数目的演变规律

断层面与水平面的夹角 α 不同

容易滑动。然而，当 α 较高或较低时，断层难于滑动，仅在高应力条件下，断层才能滑动。而且，在方案 1~2 中，两个毗邻的应力降之间持续的时间较长，即黏滑周期较长，特别是在方案 1 中。令人感兴趣的是，随着时步数目的增加，滑动刚发生时的应力越来越高。在方案 3~5 中，不能观察到这些特点。

通过仔细考察可以发现，对于前面的黏滑事件，应力下降非常快速，导致了尖锐的局部应力峰，即尖锐的锯齿形曲线[图 5.3(b)]。在方案 3 中，可以观察到最尖锐的应力峰和最小的滑动开始时的应力。另外，随着变形的继续，滑动开始时的应力或应力降都下降，直到达到常数[图 5.3(b)]。

在方案 3 和方案 6~8 中，试样受到不同的围压 σ_3。图 5.4 给出了围压对应力-时步数目曲线的影响。可以发现，在高 σ_3 条件下，黏滑周期变长，特别是对于前面的黏滑事件；应力降变大；第 1 次滑动出现得更晚。在方案 8 中（$\sigma_3=10.5\text{MPa}$），对于前面的黏滑事件，随着变形的继续，滑动开始时的应力增加，这与方案 1 和方案 2 的结果[图 5.3(a)]类似；局部应力峰持续下降。

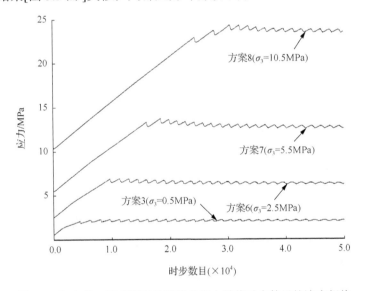

图 5.4　包含单一平直断层的试样的应力随着时步数目的演变规律
围压 σ_3 不同

塑性剪切应变增量的最大值 $\Delta\gamma_m^p$ 对应力-时步数目曲线有明显的影响，见图 5.5。其中，方案 3、9 和 10 中的 $\Delta\gamma_m^p$ 有所不同。可以发现，$\Delta\gamma_m^p$ 越小，则黏滑周期越短，应力降越小，第 1 次黏滑事件出现得越早。较小的 $\Delta\gamma_m^p$ 使变形后期的黏滑现象变得不明显，一个太小的 $\Delta\gamma_m^p$（小于 φ_0 相对应的 $\Delta\gamma^p$）可能会使滑动行为提前结束（在黏着阶段之前，φ 尚未降至 φ_0），然后，φ 立即达到 φ_m。因此，在这种情况下，应力降将降低，且黏滑周期将相应地缩短。

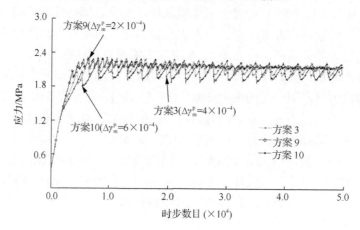

图 5.5　包含单一平直断层的试样的应力随着时步数目的演变规律

最大剪应变增量 $\Delta\gamma_m^p$ 不同

对于方案 11，给出了试样中累积的塑性剪切应变 ε^p 随着时步数目的演变规律（图 5.6），节点的位移被放大了 30 倍，以便于更清楚地展示断层之外弹性体相于对断层的错动及断层单元的变形。可以发现，断层单元具有几乎相同的 ε^p，而断层之外岩石单元的 ε^p 为零，这与不允许岩石单元破坏有关。在位移控制加载条件下，ε^p 随着变形的继续一直在增加，这一点在 5.1 节已提及。

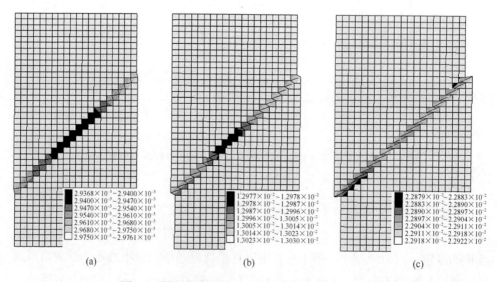

图 5.6　累积的塑性剪切应变的分布规律(方案 11)

在 FLAC-3D 中，小变形模式假定：在每次计算循环或每个时步之内，位移、位移梯度及旋转都很小。这样，在每个时步之内，不必对节点坐标进行更新，也不必对应力进行旋转修正。在黏滑模拟过程中，当时步数目足够多时，断层单元可能达到相对较大的变形（图 5.6，图中节点位移放大倍数为 30），这样，这一结果就可能与小变形假定不符。似乎，考虑大变形模式是必要的。在 5.2.9 节中，将对不同变形模式的结果进行比较，此时，将利用四边形单元。

5.2.3 两条交叉断层的结果(正方形单元)

多条断层之间可能存在相互影响和作用。方案 11 中试样只包含一条断层，一个循环之内的应力-时步数目曲线相对简单：应力先增加后降低(图 5.7)，然而，方案 12 中试样包含两条共轭的断层，在一个循环之内的黏着阶段，可以观察到 3 次小的应力降，这是由于两条角度适中的断层的相互影响；在随后的滑动阶段，只观察到 1 次大的应力降。而且，滑动开始时的应力低于方案 12 的，这是因为两条断层大大降低了试样的承载力。方案 12 的周期明显长于方案 11 的。

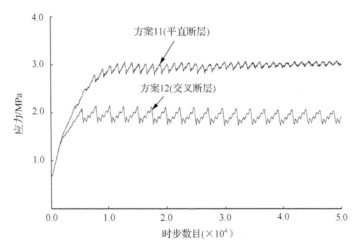

图 5.7 包含不同数量断层的试样的应力随着时步数目的演变规律

断层几何的影响见图 5.8，在方案 12～14 中，左断层的断层面与水平面的夹角 α_1 均为 45°，而右断层的断层面与水平面的夹角 α_2 各不相同。在方案 13 中 ($\alpha_2=30°$)，在一个循环之内，可以观察到规则的锯齿形应力-时步数目曲线，且在其他两条曲线的上方。为了进行比较，方案 12 的应力-时步数目曲线也同时被给出，该曲线具有较大的应力降和较长的黏滑周期。在方案 12 中，滑动开始时的应力最低，而在方案 13 中，滑动开始时的应力最高。在方案 14 中 ($\alpha_2=60°$)，在 4 次小的应力降之后，可以观察到 1 次大的应力降，且随着变形的继续，每次小滑动出现所对应的应力增加,这一点在方案 12 中也可发现,方案 12 和方案 14 的应力-时步数目曲线的复杂性源于两条断层之间的相互作用。

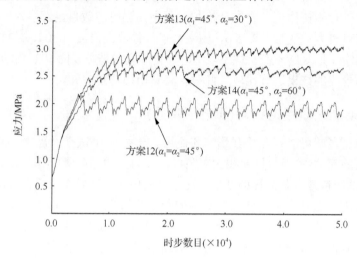

图 5.8　包含两条交叉断层的试样的应力随时步数目的演变规律

左断层面与水平面夹角是固定的,而右断层面与水平面夹角 α_2 是不同的

　　不同于方案 12 和方案 14 的结果,方案 13 的结果呈现了相对规则的黏滑行为,尽管试样中包含两条断层。这应该是由于一条断层难于滑动,以至于其对另一条断层的影响可以忽略不计。为了验证这一点,对方案 13 和方案 11 的结果(图 5.7~图 5.8)进行了详细的比较。可以发现,仅前几次黏滑事件有微小的差异。而且,随着变形的继续,这种差异可以忽略不计。上述结果表明,$\alpha_2=30°$ 时的右断层难于滑动,在图 5.3(a)中也可发现这一点。大部分黏滑事件都发生在 45° 的左断层上。

　　正方形单元适于模拟较宽断层,除非进一步降低正方形单元的尺寸。受正方形单元尺寸控制的最小断层宽度对应力-时步数目曲线的影响见图 5.9。在方案 14~16 中,单元的数目分别是 800、200 和 3200,也就是说,单元的边长分别为 0.0025m、0.005m 和 0.00125m。显然,单元尺寸对应力-时步数目曲线有显著的影响。这种现象常称之为网格依赖性或网格敏感性(De Borst,1989)。应当指出,方案 14~16 中的断层宽度是不同的,分别为 0.0035m、0.007m 和 0.00175m。因此,上述结果不应被认为是单元尺寸的唯一影响,也包括断层宽度的影响。断层宽度的单独影响和不依赖于单元尺寸的结果将在随后利用四边形单元的算例中给出。在方案 16 中,单元尺寸较小,断层较狭窄,则应力的变化极为复杂,黏滑周期较短,且滑动开始时的应力较高。对于一个狭窄的断层,在一个黏滑循环之内,在 σ_1 方向相同的位移增量条件下或沿断层相同的滑动距离条件下,断层单元累积的塑性剪切应变将较高，这会使 $\Delta\gamma_{m}^{p}$ 易于被达到，从而引起了小的应力降和短的黏滑周期。然而，在方案 15 中，结果有所不同。在方案 15 中，单元尺寸较大，断层较宽，则应力的变化较为简单、规则，且滑动开始时的应力较低。过去的研究发现，试样的承载能力受断层宽度的影响（Wang，2007），这支持目前的数值结果，即包含较宽断层的试样的强度较低。

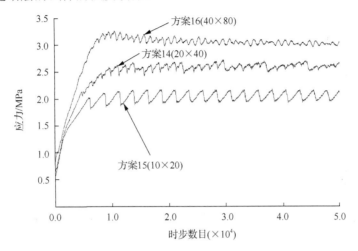

图 5.9　含有两条交叉断层试样的应力随时步数目的演变规律

单元数目和断层宽度不同

　　在粗糙网格、大单元前提下，黏滑现象较为理想化的原因可被解释如下：当单元尺寸大时，起源于断层向试样加载端传播的应力波传播较快。否则，在应力波传播过程中，起源于断层不同部位的应力波可能互相叠加。这样，在试样的加载端附近，应力场可能趋于模糊，从而不能正确地反映断层所处的应力状态。

　　作用于试样加载端的速度的提高，意味着在一个时步之内，试样的轴向位移或应变的提高，加载速度对应力-时步数目曲线的影响见图 5.10。在方案 14 和方案 15 中，作用于试样加载端的速度均为 1×10^{-9}m/时步，而在方案 17 中，速度为 5×10^{-10}m/时步。可以发现，为了模拟出规则的黏滑现象，对于粗糙网格，快速加载是必需的。如果网格被细化，那么，速度必须被降低。快速加载会引起滑动开始时应力的提高。慢速加载会在两个方面对计算效率产生影响。一方面，需要的单元数目多；另一方面，在达到相同的应变 ε_1 时，需要的时步数目多。

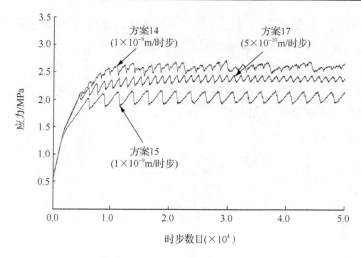

图 5.10　含有两条交叉断层的试样的应力随时步数目的演变规律
单元数目和速率 v_0 不同

5.2.4　拐折断层的结果（正方形单元）

一条拐折断层中两条断层所在断层面所夹角度的变化会引起断层几何的变化，断层几何对应力-时步数目曲线的影响见图 5.11。在方案 18～22 中，左断层所在断层面与水平面的夹角均为 45°，而两条断层所在断层面所夹角度是不同的。在方案 19 中，$\beta_2=38°$，随着变形的继续，试样的应力基本上是增加的，且黏滑现象不明显，这与方案 2 的结果[图 5.3(a)]是类似的。对于 45°的单一平直断层，滑动易于发生(图 5.3)。在此基础上，增加了一个平缓的 38°断层之后，黏滑现象不再明显。这意味着，45°断层的滑动被 38°断层阻止了。

令人感兴趣的是，在方案 22 中($\beta_2=60°$)，当时步数目达到一定时，试样的应力几乎不再发生变化，这种现象就像稳滑一样。当 β_2 从 60°下降到 45°时，黏滑现象变得越来越明显，滑动开始时的应力下降，且应力降提高[图 5.11(b)]。

为了找到方案 22 中试样无应力降的原因，在加载过程中，对左、右断层上多个单元的内摩擦角 φ 的演变规律进行了监测。这些单元在图 5.2(o)中被标记为黑色。为了进行比较，在野外很常见的 5°转折断层(Segall and Pollard，1980；Barka and Kadinsky-Cade，1988；Aydin and Du，1995；Hemendra，1997；Kato et al.，1999；Ma et al.，2012)上一些单元的 φ 的演变规律也被监测。这些结果连同试样的应力的变化见图 5.12。在图 5.13 中，为了更清楚地呈现应力和 φ 变化的细节，仅给出了时步数目在 $2×10^4$～$3×10^4$ 之间的结果。可以发现，在方案 22 中，φ 的演变比较混乱，缺乏同步性[图 5.12(a)和图 5.13(a)]。对于位于拐折部位的单元，φ 的变化较慢，这意味着该部位具有较大的变形阻力。Ma 等(2012)通过物理试验发现，在拐折部位附近，温度的变化较为复杂，对应力重分布和断层滑动具有指示作用。在左、右断层上，φ 的非同步性变化是应力-应变曲线无应力降的原因。然而，对于每个断层单元而言，弱化和硬化确实已发生。

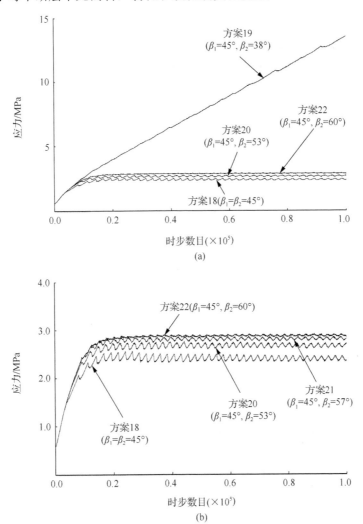

图 5.11 包含拐折断层的试样的应力随时步数目的演变规律

左断层面与水平面夹角是固定的，而右断层面与水平面夹角 β_2 是不同的

在方案 23 中[图 5.12(b) 和图 5.13(b)]，可以观察到完全不同的现象：除了位于拐折部位的单元，几乎所有的单元都呈现了类似的行为：φ 几乎同时上升和下降，同步的弱化和硬化创造了大的滑动事件。位于拐折部位的单元的滑动周期较

长，这意味着该部位变形困难，这与图 5.12(a) 和图 5.13(a) 中的结果类似。显然，拐折部位和其他部位具有不同的变形困难程度，即使在同一断层上，不同部位也具有不同的变形困难程度。通过对 φ 的演变规律的仔细研究可以发现，远离拐折部位的滑动更易发生。

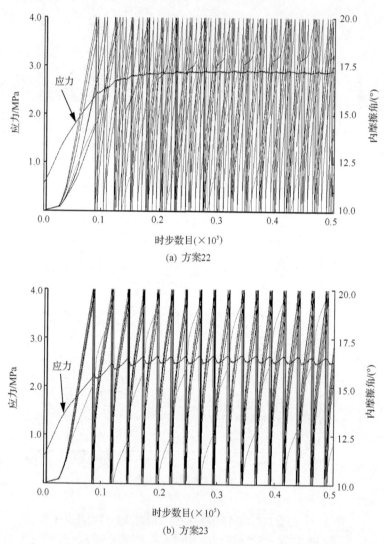

(a) 方案22

(b) 方案23

图 5.12　拐折断层上单元的应力和内摩擦角随时步数目的演变规律

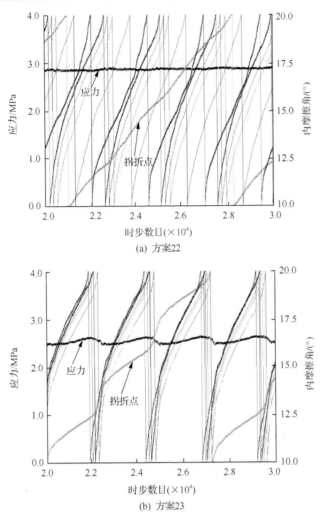

(a) 方案22

(b) 方案23

图 5.13　在 $2\times10^4\sim3\times10^4$ 时步之间拐折断层上单元的应力和内摩擦角随时步数目的演变规律

5.2.5　雁形断层的结果(正方形单元)

　　包含两种雁形断层的试样端部的应力-时步数目曲线见图 5.14。对于挤压雁形断层，在高应力条件下，黏滑行为发生，并且，在不同循环之内，应力的演变规律较为复杂、不规则。试验结果表明，沿着拉张雁形断层的黏滑较容易发生，而沿着挤压雁列断层的黏滑较难发生，这是由于挤压雁列区的阻碍作用(马胜利等，2008)。在第 3 章中，基于非均质应变软化模型的数值结果表明，包含挤压雁形断层的试样的承载能力高于包含拉张非雁形断层的试样的承载能力。这些证据都支持目前的数值结果。

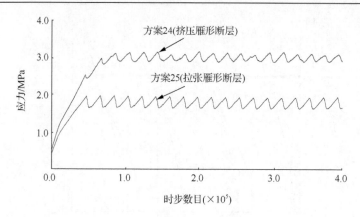

图 5.14　包含雁形断层试样的应力随时步数目的演变规律

　　对于两种雁形断层，比较了 3 条断层上 σ_1 方向平均应力的演变规律，分别见图 5.15(a) 和图 5.16(a)，同时，还给出了试样加载端的应力的演变规律。这 3 条断层分别是左、右和中间断层。中间断层是由连通左、右断层端部的若干破坏岩石单元构成的。几个循环之内的一些结果见图 5.15(b) 和图 5.16(b)。由图 5.15 可以发现，对于挤压雁形断层，中间断层的应力的演变规律比较复杂，且应力较高；左、右断层的应力低于加载端的。另外，右断层的应力总是大于左断层的，这与左、右断层上单元数目稍有不同有关。左、右断层的黏滑周期没有明显的差异。由图 5.16 可以发现，对于拉张雁形断层，左、右断层的应力高于加载端的；中间断层的应力的演变规律较为规则，可以观察到理想的锯齿形曲线，这与图 5.15(a) 中的结果不同。在中间断层上，应力的演变规律较为简单或规则，且应力较低，意味着中间断层的滑动容易发生。

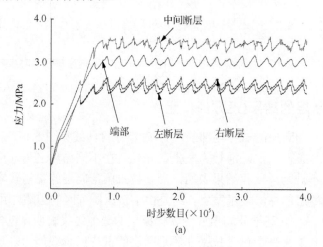

(a)

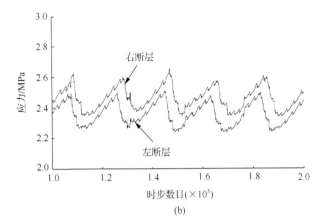

图 5.15 包含挤压雁形断层的试样的应力随时步数目的演变规律(方案 24)

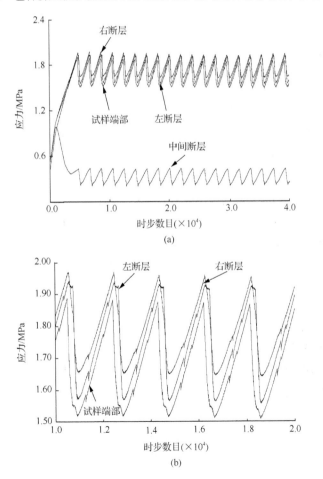

图 5.16 包含拉张雁形断层的试样的应力随时步数目的演变规律(方案 25)

在黏着阶段，可以观察到许多小事件，而在滑动阶段，仅可以观察到一个大事件，见图 5.14(b) 和图 5.15(b)，这与一些试验观察结果(Sobolev et al.，1996；缪阿丽等，2010；Ma et al.，2012)相符。这种现象在包含交叉断层的试样的结果中也可发现(图 5.7 和图 5.8)。

5.2.6 断层宽度的单独影响(四边形单元)

使用正方形单元不能确保断层宽度的连续变化，正方形单元的尺寸决定了最小断层宽度。这里，使用四边形单元模拟断层，给出了断层宽度 w 对试样加载端的应力的演变规律的单独影响，见图 5.17。为了进行比较，也同时给出方案 3 的结果。在方案 26~28 中，由于使用四边形单元模拟断层，断层面是平的。在方案 3 和方案 26 中，断层宽度是相同的。在方案 3 中，由于使用正方形单元模拟断层，断层面是凹凸不平的。

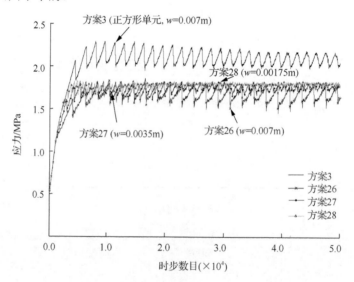

图 5.17   包含单一平直断层的试样的应力随时步数目的演变规律
断层宽度不同

由图 5.17 可以发现，凹凸不平的断层面导致了高的滑动开始时和结束时的应力。然而，对于不同的断层面，在断层宽度相同的条件下，黏滑周期几乎是相同的，而且，断层宽度对黏滑周期和应力降的影响较为显著。狭窄的断层导致了短的黏滑周期和小的应力降，这与图 5.9 中的结果类似。方案 28 中的结果就像稳滑一样。当断层宽度减半时，黏滑周期亦减半。在方案 26~28 中，塑性剪切应变增量的最大值 $\Delta\gamma_m^p$ 保持不变。这样，断层越宽意味着临界滑动距离越大，黏滑周期越长。

5.2.7　不依赖于尺寸的结果(四边形单元)

方案29～33 中试样加载端的应力随一个加载端的位移的演变规律见图 5.18，这些方案具有不同的网格尺寸和加载速度。加载端的位移等于加载速度和时步数目的乘积。在方案 28 和方案 29 中，高的 $\Delta\gamma_{\mathrm{m}}^{\mathrm{p}}$ 导致了长的黏滑周期(图 5.17 和图 5.18)，这与图 5.5 中的结果类似。当 $\Delta\gamma_{\mathrm{m}}^{\mathrm{p}}$ 增至原来的 4 倍，黏滑周期也增至原来的 4 倍。

和方案 29 中试样相比，方案 30 和方案 32 中试样具有较细的网格。如果方案 29 中试样的断层之外的网格在垂直方向上被细化一次，则成为方案 30 中试样的网格。如果方案 29 的网格在水平方向被细化一次，则成为方案 32 中试样的网格。的确，不同的网格导致了不同的峰值应力和应力降(图 5.18)。似乎，目前的数值结果具有尺寸依赖性，即缺乏唯一性。然而，在方案 31 和方案 33 中，若将施加在两个加载端上的速度减半，则尺寸依赖性大大降低。为了避免数值结果的不唯一性，细网格需要配以慢速加载，其原因将被解释如下。在一个时步之内，应力波的传播距离是一个单元尺寸。当试样中沿应力波传播方向的单元数目翻一番时，在速度不变的条件下，应力波的传播速度将减半。因此，在不同的网格条件下，欲获得唯一的结果，细网格需配以更多的时步数目。若将单元尺寸减半，则时步数目需要翻一番，相应地，速度需要减半，以确保在不同的网格条件下，应力波具有相同的传播距离。

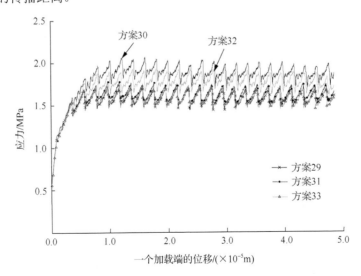

图 5.18　包含单一平直断层的试样随一个加载端的位移的演变规律
断层宽度不同

5.2.8　动态加载的结果(四边形单元)

一条断层不同部位的节点的速度历史可呈现该断层的运动过程。方案 34 中试样端部的应力和断层上一些节点的速度随时步数目的演变规律见图 5.19，其中，图 5.19(b～d)聚焦了一个典型的黏滑循环。监测节点的位置见图 5.2(u)。方案 34 的计算在动态加载条件下进行，密度取为 $2.7 \times 10^3 \ kg/m^3$，FLAC-3D 自动计算出来的时步长度为 $1.763 \times 10^{-7} s$。该方案不同于方案 1～33，后者的计算在准静态条件下进行。在方案 34 中，施加于试样两端的速度是真实的或物理的速度，其单位为 m/s。不管试样是否被动力加载，均采用局部自适应阻尼。不过，阻尼系数有所不同。在准静态加载条件下，默认的阻尼系数为 0.8，而在动态加载条件下，阻尼系数取为 $0.1571(0.05\pi，\pi$ 是临界阻尼)，即 5%的临界阻尼，这对于动力分析是一个典型值。方案 34 和方案 29 具有相同的模型、参数和最大的时步数目，即

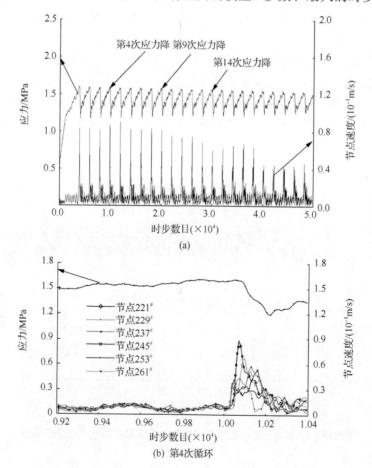

(a)

(b) 第4次循环

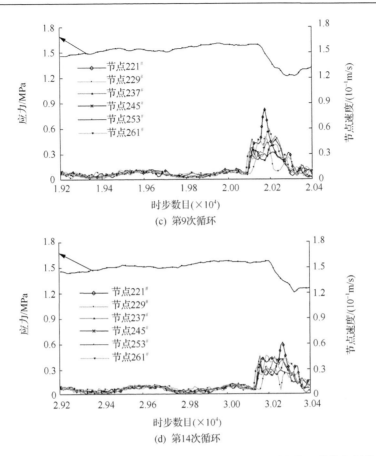

(c) 第9次循环

(d) 第14次循环

图 5.19　包含单一平直断层的试样的应力和一些节点的速度随时步数目的演变规律（方案 34）
①(a)试样的应力和一个节点的速度随时步数目的演变规律；②(b~d)典型的 3 个循环之内试样的应力和多个节点的速度随时步数目的演变规律

5×10^4。为了确保每个方案在 5×10^4 个时步时达到相同的轴向位移或应变，方案 34 中试样端部被施加的速度应为 5.7×10^{-3}m/s。

尽管加载方式不同，方案 29 和方案 34 中试样的应力-时步数目曲线呈现了相同的黏滑周期[图 5.18 和图 5.19(a)]。$221^{\#}$节点[图 5.2(u)]的速度在滑动过程中快速上升，其最大速度接近于 0.1m/s，远高于施加于试样两个加载端的速度。在接下来的黏着阶段，该节点的速度以振荡方式下降，直到在下一个滑动阶段，再次赢得极高的速度。令人感兴趣的是，在某种程度上，该节点的速度演变规律与著名的速率-状态依赖摩擦定律类似。因此，目前的摩擦强化-摩擦弱化模型可以描述黏着和滑动阶段节点速度的不同变化，尽管没有引入速率-状态依赖摩擦定律。

节点速度的突增在试样的应力快速下降之前已经发生，这是一种滑动前兆[图

5.19（b～d）]。在断层的不同部位，节点的速度演变规律存在一定的差异。例如，位于试样左边界上的221#节点的峰值速度高，而位于试样右边界上的261#节点的峰值速度低。而且，261#节点的速度突增被稍微延迟。近似地看，这些监测节点的速度都经历了同步的演变规律，即同时上升和下降，这与光滑断层上相对简单的应力状态有关。

5.2.9　不同变形模式的结果(四边形单元)

随着黏滑循环次数的增加，锯齿形的应力-时步数目曲线变得越来越不尖锐，直到其形状基本不变[图 5.3（b）、图 5.5 和图 5.7～图 5.11]。应当指出，这些结果是在使用正方形单元模拟时获得的。在使用四边形单元时，这种现象仍然存在，尽管不太明显[图 5.17、图 5.18 和图 5.19（a）]。因此，锯齿状曲线形态的改变不是仅由凹凸不平的断层面引起的。

出现上述现象的一个可能原因是，小变形模式不适于模拟变形后期的黏滑循环，此时，断层单元的变形较大。然而，通过仔细比较小变形和大变形模式的结果可以发现，二者几乎没有区别(图 5.20)。在采用大变形模式时，随着黏滑循环次数的增加，锯齿形曲线的形态仍会发生变化，还导致了更长的计算时间。方案 32 的计算是在小变形模式下进行的，2×10^5 个时步的计算用时大约 5 分钟，而方案 35 的计算是在大变形模式下进行的，同样的计算用时大约 8 分钟。

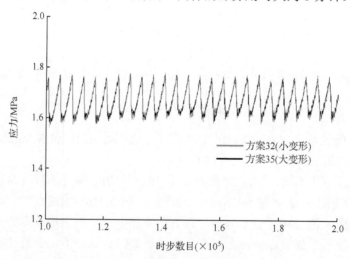

图 5.20　包含单一平直断层的试样的应力随时步数目的演变规律

尽管随着黏滑循环次数的增加，锯齿形的应力-时步数目曲线的形态会发生稍微的变化，但黏滑周期基本不变，另外，应力降的变化和应力-时步数目曲线滑动阶段的斜率的变化也不大。因此，上述变化不会影响对黏滑现象的定性理解。可能地，变形后期的断层单元的应力的同步变化不如变形前期的好。这将导致应力沿断层传播，而不是不同断层单元的应力的同时上升或下降。这样，在大部分断层单元经历应变弱化时，少量的断层单元经历应变强化，这会导致不尖锐的锯齿形应力-时步数目曲线和小的应力降。

5.2.10　拐折断层的结果(四边形单元)

为了排除凹凸不平的断层面对试样加载端的应力演变的影响，拐折断层和之外的弹性体均采用四边形单元进行模拟。断层几何对应力-时步数目曲线的影响见图 5.21。除了断层宽度和网格的形状不同，方案 36～39、方案 18～20 和方案 22 具有相同的参数和计算条件。在方案 36～39 中，左、右断层的宽度并不完全相同，这是由目前采用的网格生成方法引起的。在上述任一个方案中，首先，生成 6 个子网格，然后，将它们拼接在一起，其中，3 个子网格覆盖试样的左半部分，另外 3 个网格覆盖试样的右半部分。左断层所在的断层面与水平面的夹角为 45°，且左断层宽度为 0.0035m。当右断层所在的断层面与水平面的夹角大于或小于 45°时，右断层宽度将小于或大于 0.0035m。

在方案 36 中，可以观察到锯齿形的应力-时步数目曲线，而在方案 37～39 中，则不然。当左、右断层所在的断层面所夹的角度较高或较低时，滑动开始时的应力较高，且应力降较小。这些特点基本上与方案 18～20 方案 22 的结果(图 5.11)相同。

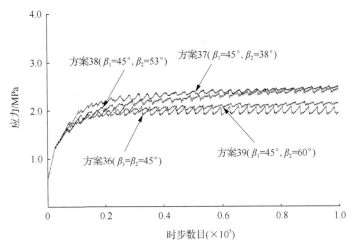

图 5.21　包含拐折断层的试样的应力随时步数目的演变规律
右断层所在断层面与水平面的夹角不同

　　与方案18～20和方案22的结果(图5.11)相比,方案37～39的结果比较复杂,这与左、右断层的宽度稍有不同有关。另外,在采用四边形单元进行模拟时,滑动开始时的应力较低,且黏滑周期较长,而在采用正方形单元进行模拟时,滑动开始时的应力较高,且黏滑周期较短,这与单一平直断层的结果(图5.17)一致。利用 FLAC-3D 提供的命令,目前,还难以建立由一些表面光滑的断层构成的典型断层网格,例如,在不同位置具有相同宽度的拐折断层网格、雁形断层网格和交叉断层网格。可供选择地,若采用正方形或立方体网格,一些典型或复杂的断层网格的建立可通过 FISH 语言来实现,这给研究黏滑行为和断层之间的相互作用提供了机会。然而,必须承认正方形网格的一些缺陷,例如,不可避免地凹凸不平的断层面和低的计算效率。

5.2.11　试验验证(四边形单元)

　　在双轴压缩条件下,缪阿丽等(2010)开展了长方体岩石试样的黏滑试验,在每个试样中,仅包含一条倾斜的断层。试样的高度、宽度和厚度分别为300mm、200mm 和 50mm[图 5.22(a)]。断层的宽度为3mm,用硬石膏模拟,石膏和水的质量比为3:1,断层面采用 $400^{\#}$ 的金刚砂进行研磨。在试样的左、右两个侧面上,施加围压 σ_3,其范围在5～20MPa之间。试样的一端不动,而试样的另一端被进行轴向(σ_1 方向)的位移控制加载,压缩速度 $v=0.1\sim13.51\mu m/s$。

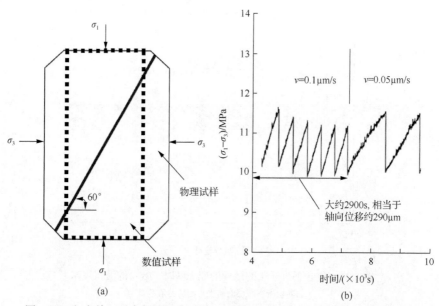

图 5.22　包含单一平直断层物理试样(a)及两种速度条件下主应力差随时间的
演变规律(b)　(缪阿丽等,2010)

在 σ_3=5MPa 且 v=0.05～0.1μm/s 条件下，典型的主应力差-时间曲线的一部分见图 5.22(b)。可以发现，加载速度对黏滑周期有影响。随着加载速度的降低，黏滑周期变长；峰值应力和滑动结束时的应力变化不大。v=0.1μm/s 时 6 次黏滑事件共经历了大约 2900s，平均一个黏滑事件经历了 483s。v=0.05μm/s 时 2 次黏滑事件共经历了大约 2436s，平均一个黏滑事件经历了 1218s，长于 v=0.1μm/s 时的结果。

下面，将采用提出的摩擦强化-摩擦弱化模型模拟上述物理试验。在上述物理试验中，断层宽度仅 3mm。因此，若采用正方形单元模拟断层，则需将正方形单元的尺寸设置得非常小。这样，将需要很长的计算时间，因为小单元需要配以慢速加载，这一点在 5.2.1 节已提及。

对于试样中仅包含 1 条倾斜断层的简单断层系统，采用四边形单元模拟断层比较方便。在断层之外，弹性体也被划分成四边形单元。应当指出，在物理试验中，试样的四个角已被切除[图 5.22(a)]，这是为了避免加载板之间的干涉。因此，为了准确地模拟试样的形状，一些四边形单元必须被删除。似乎，这么做并不必要。可替换地，在建模时，试样的宽度被降为高度的一半。也就是说，仅模拟物理试样的一部分，见图 5.22(a)中虚线所围的长方形区域。这样，数值试样的宽度只有 150mm[图 5.23(a)]。断层面与水平面的夹角为 60°，与试验条件相一致。

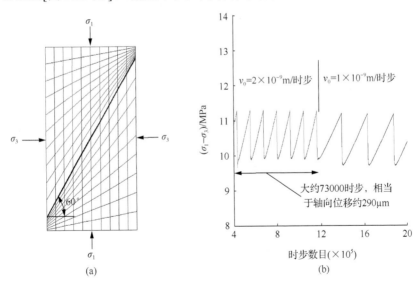

图 5.23　包含单一平直断层数值试样(a)及两种速度条件下主应力差随时步数目的演变规律(b)(方案 40)

物理试样和数值试样具有相同的高度。试样的轴向位移增量主要是由断层滑动引起的，断层之外的变形可忽略不计。因此，对于两种试样，为了确保每次黏滑能引起相同的滑动距离，两种试样在每次黏滑过程中应经历相同的轴向位移增量。

对于物理试样，轴向位移增量 Δu_a 为

$$\Delta u_a = vt \tag{5.2}$$

式中，v 是实际或物理速度，m/s；t 是时间间隔，s。当 $v=0.1\mu m/s$ 时，$t=2900s$，对应于 6 次较短的黏滑周期。

对于数值试样，轴向位移增量 $\Delta u_a'$ 为

$$\Delta u_a' = 2v_0 t_0 \tag{5.3}$$

式中，v_0 是准静态加载条件下使用的速度，m/时步，或者称之为虚拟速度，t_0 是时步数目。为了避免数值振荡，在计算时，虚拟速度不应取值过大，例如，取为 $10^{-10} \sim 10^{-8}$/时步。为了模拟 $v=0.1\mu m/s$ 和 $0.05\mu m/s$ 时的结果，虚拟速度分别取为 2×10^{-9} 时步和 1×10^{-9}/时步。

方案 40 的计算包括两步：静水压力加载和位移控制加载，这些都与上述物理试验一致。可以发现，关于差应力变化的数值和试验结果非常吻合[图 5.22(b) 和 23(b)]。对于相同的速度，不同黏滑循环之内的锯齿形应力-时步数目曲线的数值结果都是相同的，这是由于模拟的黏滑循环的次数不是太多。关于峰值应力(滑动开始时的应力)、最小应力(滑动结束时的应力)及黏滑周期的数值结果都接近于试验结果。严格地讲，当将加载速度减半时，则黏滑周期将翻一番，这与图 5.22(b) 中的试验结果稍有不同。可能地，硬石膏在位移控制加载过程中遭受到了一定程度的损伤，导致即使速度相同，黏滑周期也稍有不同。目前的计算是在理想条件下进行的，损伤或其他因素，例如，摩擦生热，尚未考虑。因此，若速度降低，则黏滑周期将增加，这是由于塑性剪切应变的积累过程被延迟了。

下面，将估计采用动力加载模式模拟上述物理试验所需的时间或时步数目。利用与方案 40 相同的模型和参数(除了加载模式)，取 $v=0.1\mu m/s$，FLAC-3D 自动计算出的时步长度为 $1.267 \times 10^{-7}s$。如此小的时步长度是为了确保数值稳定。这样，6 个短的周期(大约经历 2900s)的模拟将需要 2.3×10^{10} 个时步，至少需要耗时 7.4×10^4 小时(即 1.8×10^3 天)，这是一个不可接受的任务。然而，在准静态加载条件下，仅需 7.3×10^4 个时步，在普通配置的微机上，计算时间不超过 8 分钟。在图 5.23(b) 中，$v_0 = 2 \times 10^{-9}$m/时步和 1×10^{-9}m/时步的数值结果已足够光滑。因此，在不影响精度的前提下，准静态加载是一个可行的选择。

5.3　结　　论

在平面应变双轴压缩条件下，为了模拟包含 1 至 3 条断层的试样的加载端应力的周期性变化，提出了一个基于弹塑性连续介质的摩擦强化-摩擦弱化模型，并在 FLAC-3D 中实现。该模型包括一个线性弱化部分和一个线性硬化部分，分别用于模拟滑动和黏着行为。该模型的一个关键特色是在一个黏滑循环之内引入了塑性剪切应变增量。在黏着阶段结束时，其值被设置为零。这意味着，在一个循环之内，所允许的最大剪切应变或临界滑动距离保持为常数。在一个循环的滑动阶段，内摩擦角的下降导致塑性剪切应变增量的提高，而在接下来的黏着阶段，根据当前的塑性剪切应变增量来增大内摩擦角。尽管在目前的模型中未引入速度，但因为是对节点的运动方程进行求解，在一个循环之内，节点的速度将发生变化。利用提出的模型，在准静力或动力加载条件下，共开展了 40 个包含 1 至 3 条断层的试样黏滑行为的模拟，通过和一个双轴压缩条件下包含单一平直断层的试样的物理试验结果的对比，验证了所提出模型的正确性。

对于一条平直断层或两条交叉断层，研究了多种参数对试样的加载端应力的演变规律的影响。这些参数包括：断层宽度、加载速度和一个循环之内的最大塑性剪切应变增量。为了获得不依赖于单元尺寸的试样的应力-变形曲线，对于细网格，建议采用慢速加载，这是为了确保应力波相同的传播距离。一个循环之内的最大塑性剪切应变增量会影响黏滑周期和应力降。对于交叉断层，聚焦于断层几何的影响，由于断层之间的相互作用，在黏着阶段，观察到了一些小的滑动事件，而在滑动阶段，仅观察到了一个大事件，类似的现象在雁形断层的结果中也可发现。

对于拐折断层，当每条断层所在断层面之间的夹角较大时，仅观察到了一些小的应力降，这是由于断层单元内摩擦角的非同步弱化和强化。然而，对于 5°拐折断层，则不然；内摩擦角的同步变化引起了应力的周期性变化。对于拐折断层和单一平直断层，在使用四边形单元模拟断层时，试样的承载能力较低，黏滑周期较长，而在使用正方形单元模拟断层时，滑动开始时的应力较高，黏滑周期较短。

对于两种雁形断层，比较了左、右和中间断层的黏滑行为。断层之外的单元允许发生破坏，这为断层的滑动提供了必要条件。对于拉张雁形断层，左、右断层的黏滑是同步的，这表明拉张雁列区的影响可以忽略不计。然而，对于挤压雁形断层，黏滑的同步性较差，且在一个黏滑循环之内，应力的演变规律较为复杂，这是由于受到挤压雁列区的阻碍作用。

FLAC-3D 可以考虑蠕变、渗流和温度对岩土材料力学行为的影响。这些特色被引入到目前的模型之中不会有任何困难。将来，目前的模型可用于模拟复杂加载条件下实际尺寸的复杂断层系统中各条断层的黏滑行为和相互作用。各条断层的活动顺序、黏滑周期和应力降等都可望被模拟出来。甚至，易于滑动的断层、能产生大应力降(黏滑)的断层(由于同步的弱化和强化)或不能产生大应力降(稳滑)的断层(由于非同步的弱化和强化)都可望被识别出来。另外，目前的模型的验证也需要引起重视。这些进一步的研究非常值得开展，对于断层力学和地震预测尤为重要。

参 考 文 献

蒋海昆, 马胜利, 张流, 等. 2002. 雁列式断层组合变形过程中的声发射活动特征. 地震学报, 24(4): 385-396.

马瑾, 刘力强, 刘培洵, 等. 2007. 断层失稳错动热场前兆模式: 雁列断层的实验研究. 地球物理学报, 50(4): 1141-1149.

马胜利, 陈顺云, 刘培洵, 等. 2008. 断层阶区对滑动行为影响的实验研究. 中国科学, 38(7): 842-851.

缪阿丽, 马胜利, 周永胜. 2010. 硬石膏断层带摩擦稳定性转换与微破裂特征的实验研究. 地球物理学报, 53(11): 2671-2680.

Abe S, Latham S, Mora P. 2006. Dynamic rupture in a 3-D particle-based simulation of a rough planar fault. Pure & Applied Geophysics, 163(9): 1881-1892.

Ampuero J P, Ben-Zion Y. 2008. Cracks, pulses and macroscopic asymmetry of dynamic rupture on a bimaterial interface with velocity-weakening friction. Geophysical Journal International, 173(2): 674-692.

Andrews D J. 1985. Dynamic Plane-Strain Shear Rupture with a Slip-Weakening Friction Law Calculated by a Boundary Integral Method. Bulletin of the Seismological Society of America, 75(1): 1-21.

Aydin A, Du Y. 1995. Surface rupture at a fault bend: The 28 June 1992 Landers, California, earthquake. Bulletin of the Seismological Society of America, 85(1): 111-128.

Bak P, Tang C. 1989. Earthquakes as a self-organized critical phenomena. Journal of Geophysical Research, 94: 15635-15637.

Barka A A, Kadinsky-Cade K. 1988. Strike-slip fault geometry in Turkey and its influence on earthquake activity. Tectonics, 7(3):663-684.

Beeler N M, Tullis T E, Weeks J D. 1994. The roles of time and displacement in the evolution effect in rock friction. Geophysical Research Letters, 21(18): 1987–1990.

Beroza G C, Mikumo T. 1996. Short slip duration in dynamic rupture in the presence of heterogeneous fault properties. Journal of Geophysical Research Solid Earth, 101(B10): 22449–22460.

Bizzarri A, Cocco M, Andrews D J, et al. 2001. Solving the dynamic rupture problem with different numerical approaches and constitutive laws. Geophysical Journal International, 144(3): 656-678.

Day S M. 1982. Three-dimensional Simulation of Spontaneous Rupture: The effect of nonuniform prestress. Bulletin of the Seismological Society of America, 72(6A): 1881-1902.

De Borst R. 1989. Numerical methods for bifurcation analysis in geomechanics. Ingenieur-Archiv, 59(2): 160-174.

Dieterich J H. 1979. Modeling of rock friction: 1. Experimental results and constitutive equations. Journal of Geophysical Research Atmospheres, 84(B5): 2161-2168.

Dieterich J H. 1992. Earthquake nucleation on faults with rate-and state-dependent strength. Tectonophysics, 211(1-4): 115-134.

Dieterich J. 1994. A constitutive law for rate of earthquake production and its application to earthquake clustering. Journal of Geophysical Research Solid Earth, 99(B2): 2601–2618.

Doz G N, Riera J D. 2000. Towards the numerical simulation of seismic excitation. Nuclear Engineering & Design, 196(3): 253-261.

Fang Z, Harrison J P. 2002. Development of a local degradation approach to the modelling of brittle fracture in heterogeneous rocks. International Journal of Rock Mechanics & Mining Sciences, 39(4): 443-457.

Guatteri M, Spudich P. 2000. What Can Strong-Motion Data Tell Us about Slip-Weakening Fault-Friction Laws? Bulletin of the Seismological Society of America, 90(1): 98-116.

Harris R A, Day S M, Harris R A, et al. 1997. Effects of a low-velocity zone on a dynamic rupture. Bulletin of the Seismological Society of America, 87(5): 1267-1280.

Harris R A, Day S M. 1993. Dynamics of fault interaction: parallel strike-slip faults. Journal of Geophysical Research Atmospheres, 98(B3): 4461-4472.

He C. 1995. Slip-weakening constitutive relation and the structure in the vicinity of a shear crack tip. Pure and Applied Geophysics, 145: 147-157.

Hemendra K A. 1997. Influence of fault bends on ruptures. Bulletin of the Seismological society of America, 87:1691-1696.

Hillers G, Ben-Zion Y, Mai P M. 2006. Seismicity on a fault controlled by rate- and state-dependent friction with spatial variations of the critical slip distance. Journal of Geophysical Research, 111 B01403: 1-23.

Ida Y. 1973. The maximum acceleration of seismic ground motion. Bulletin of the Seismological society of America: 63, 959-968.

Ide S, Takeo M. 1997. Determination of constitutive relations of fault slip based on seismic wave analysis. Journal of Geophysical Research, 102: 27379-27391.

Ito K, Matsuzaki M. 1990. Earthquakes as self-organized critical phenomena. Journal of Geophysical Research Atmospheres, 95(B5): 6853-6860.

Kato N, Lei X L, Wen X. 2007. A synthetic seismicity model for the Xianshuhe fault, Southweatern China: simulation using a rate- and state-dependent friction law. Geophysical Journal International, 169: 286-300.

Kato N, Satoh T, Lei X L, et al. 1999. Effect of fault bend on the rupture propagation process of stick-slip. Tectonophysics, 310: 81-99.

Kato N, Tullis T E. 2001. A composite rate- and state-dependent law for rock friction. Geophysical Research letters, 28: 1103-1106.

Kato N, Tullis T E. 2003. Numerical simulation of seismic cycles with a composite rate- and state-dependent friction law. Bulletin of the seismological Society of America, 93: 841-853.

Kato N, Yamamoto K, Hirasawa T. 1994. Microfracture processes in the breakdown zone during dynamic shear rupture inferred from laboratory observation of near-fault high-frequency strong motion. Pure and Applied Geophysics, 142: 713-734.

Lapusta N, Rice J R, Ben-Zion Y, et al. 2000. Elastodynamic analysis for slow tectonic loading with spontaneous rupture episodes on faults with rate- and state-dependent friction. Journal of Geophysical Research, 105 (B10): 23765-23789.

Lorig L J, Hobbs B E. 1990. Numerical modeling of slip instability using the distinct element method with state variable friction laws. International Journal of Rock Mechanics and Mining Sciences, 27: 525-534.

Ma J, Ma S P, Liu L Q, et al. 2010. Experimental study of thermal and strain fields during deformation of en echelon faults and its geological implications. Geodyn Tectonophys, 1: 24-35.

Ma J, Sherman S I, Guo Y S. 2012. Identification of meta-instable stress state based on experimental study of evolution of the temperature field during stick-slip instability on a 5° bending fault. Science China Earth Sciences, 55(6):869-881.

Ma J. Du Y, Liu L. 1986. The instability of en-echelon cracks and its precursors. Journal of Physics of the Earth, 34: s141-s157.

Marone C, Kilgore B. 1993. Scaling of the critical slip distance for seismic faulting with shear strain in fault zone. Nature, 362: 618-621.

Marone C. 1998. Laboratory-derived friction laws and their application to seismic faulting. Annual Review of Earth and Planetary Sciences, 26: 643-696.

Mckinnon S D, De La Barra I G. 1998. Fracture initiation, growth and effect on stress field: a numerical investigation. Journal of Structural Geology, 20: 1673-1689.

Miyatake T. 1992. Numerical simulation of the three-dimensional faulting processes with heterogeneous rate- and state-dependent friction. Tectonophysics, 211: 223-232.

Mora P, Place D. 1994. Simulation of the frictional stick-slip instability. Pure and Applied Geophysics, 143: 61-87.

Ohnaka M, Yamashita T. 1989. A cohesive zone model for dynamic shear faulting based on experimentally inferred constitutive relation and strong motion source parameters. Journal of Geophysical Research, 94: 4089-4104.

Ohnaka M. 1993. Critical size of the nucleation zone of earthquake rupture inferred from immediate foreshock activity. Journal of Physics of the Earth, 41: 45-56.

Okubo P G. 1989. Dynamic rupture modeling with laboratory-derived constitutive relations. Journal of Geophysical Research, 94: 12321-12335.

Rice J R. 1983. Constitutive relations for fault slip and earthquake instabilities. Pure and Applied Geophysics, 121: 443-475.

Ruina A L. 1983. Slip instabilities and state variable friction laws. Journal of Geophysical Research, 88: 10359-10370.

Rutqvist J, Birkholzer J, Cappa F, et al. 2007. Estimating maximum sustainable injection pressure during geological sequestration of CO_2 using coupled fluid flow and geomechanical fault-slip analysis. Energy Conversion and Management,48: 1798-1807.

Segall P, Pollard D D. 1980. Mechanics of discontinuous faults. Journal of Geophysical Research, 85 (B8): 4337-4350.

Shibazaki B, Matsu'ura M. 1992. Spontaneous processes for nucleation, dynamic propagation, and stop of earthquake rapture. Geophysical Research Letters, 19: 1189-1192.

Sibson R H. 1985. Stopping of earthquake ruptures at dilatational jogs. Nature, 316, 248-251.

Sobolev G A, Ponomarev A V, Koltsov AV, et al. 1996. Simulation of triggered earthquakes in the laboratory. Pure and Applied Geophysicss, 147: 345-355.

Strayer L M, Hudleston P J. 1997. Numerical modeling of fold initiation at thrust ramps. Journal of Structural Geology, 19: 551-566.

Tchalenko J S, Ambraseys N N. 1970. Structural analysis of Dasht-e Bayaz (Iran) earthquake fractures. Geological Society of America Bulletin, 81: 41-60.

Tinti E, Cocco M, Fukuyama E, et al. 2009. Dependence of slip weakening distance (*Dc*) on final slip during dynamic rupture of earthquakes. Geophysical Journal International, 177(3):1205-1220.

Wang X B. 2005. Joint inclination effect on strength, stress-strain curve and strain localization of rock in plane strain compression. Materials Science Forum, 495-497: 69-74.

Wang X B. 2007. Effects of joint width on strength, stress-strain curve and strain localization of rock mass in uniaxial plane strain compression. Key Eng Mat, 353-358, 1129-1132.

Wolf S, Manighetti I, Campillo M, et al. 2006. Mechanics of normal fault networks subject to slip-weakening friction. Geophysical Journal International, 165: 677-691.

Zachariasen J, Sieh K. 1995. The transfer of slip between two en echelon strike-slip faults: a case study from the 1992 Landers earthquake, southern California. Journal of Geophysical Research, 100(B8): 15281-15301.